Tobias Zoporowski

Praxisratgeber
Klassikerkauf

VW Bus T3

Alle Modelle 1979-1992

HEEL

Impressum

HEEL Verlag GmbH
Gut Pottscheidt
53639 Königswinter
Telefon 0 22 23 / 92 30-0
Telefax 0 22 23 / 92 30-13
Mail: info@heel-verlag.de
Internet: www.heel-verlag.de

Lektorat: Jost Neßhöver

Titelbild: Jörg Hajt

Satz und Gestaltung: Ralph Handmann, Bonn

Druck und Verarbeitung: D + L Reichenberg GmbH, Bocholt

Printed in Germany

ISBN: 978-3-95843-562-9

Inhalt

Einleitung – VW Bus T3 - Der „zufällige" Riesenerfolg

Eigentlich hätte es den VW Typ 2 T3 so gar nicht geben sollen. Volkswagen wollte schon mit dem Produktionsende seines rundlichen Vorgängers T2 nicht nur eine grundlegend neue Entwicklung vom Stapel laufen lassen, sondern auch bereits von Heck- auf Frontmotor und -antrieb umstellen. Dass diese Zäsur noch eine ganze Fahrzeuggeneration auf sich warten ließ und erst mit dem T4 realisiert wurde, lag an der desolaten finanziellen Lage des Konzerns Mitte der 70er Jahre.
Es war klar, dass die Ära des erfolgreichen T2 dem Ende zuging und ein Nachfolger hermusste. Aus Kostengründen war es indes notwendig, dass dieser zunächst die alten Motoren „auftrug", die sich allerdings nur weiterverwenden ließen, wenn man beim bewährten Heckmotorkonzept bliebe. Was VW-Chef Toni Schmücker denn auch kurzerhand entschied. Aus dieser verzwickten Lage heraus gelang es den VW-Entwicklern dennoch, einen der erfolgreichsten Transporter der Firmengeschichte zu konstruieren.
Gegenüber dem Vorgänger wuchs der nunmehr kastenförmige Bus um sechseinhalb Zentimeter in der Länge und um zwölfeinhalb Zentimeter in der Breite. Der Radstand vergrößerte sich um sechs Zentimeter. Somit bot der T3 nicht nur deutlich mehr Nutzfläche, sie war auch besser zugänglich. Die bemerkenswert größere Heckklappe, eine breitere Schiebetür und eine um 20 Zentimeter niedrigere Ladekante hinten hatten entscheidenden Anteil daran.
Die schon ab Werk vielfältigen Ausführungen als Pritschenwagen (Typ 245), Doppelkabine (Typ 247, „Doka"), Kastenwagen (Typ 251), Kombi (Typ 253) und Bus (Typ 255) wurden über die Jahre um zahllose Derivate etwa für Polizei, Bundespost, Bundeswehr, kommunale Behörden, als Notarzt- und Krankentransportwagen, für die Feuerwehr sowie um zahlreiche Spezialausführungen wie rollende Eisdielen erweitert. Dann gab es die extrem begehrten Campingmodelle, die nie günstig waren und es auch nie wurden. Wer heute einen originalen „Westfalia Joker" – einst beim freundlichen VAG-Partner bestellbar – oder einen exklusiven „Dehler Profi" sein Eigen nennt, sollte ihn hüten wie einen Schatz. Fahrzeuge der streng limitierten „Last Limited Edition (LLE)" taugen inzwischen gar als Wertanlage.

Der „Quaderbulli" T3 in Reinform: So eroberte der letzte Heckmotorbus Behörden, Handwerksbetriebe und Familien – pragmatisch bis zur Selbstverleugnung.

Die Zeit, als es ausgemusterte Bundeswehr-Busse für kleines Geld gab, sind längst vorbei. Diese Flotte steht heute im Dienst eines Obstbaubetriebes.

Die späte Plüschversion „Multivan" drückt in ihrem Namen eigentlich genau das aus, was ein T3-Bulli war und ist: ein Fahrzeug für alle und alles. Das macht ihn bis heute so begehrt und sorgt dafür, dass die Nachfrage inzwischen höher ist als das Angebot zumindest an guten Exemplaren. Findige Händler haben längst auch das einst üppige Angebot an ausgemusterten Behördenfahrzeugen von Polizei und Bundeswehr abgefischt, da lässt sich kein Schnäppchen mehr machen. Mitunter tauchen – etwa in regionalen Anzeigenblättern – Ex-Feuerwehren auf, die bis zuletzt bei freiwilligen Dorfwehren im Einsatz waren und in ordentlichem Zustand sind. Dann heißt es: zuschlagen!
Ob der in seinem Wesen gnadenlos pragmatische T3 als Klassiker denselben Ikonenstatus erlangen wird wie seine beiden Vorgänger, wird inzwischen kaum noch bezweifelt. Die Frage ist nur: wann? Wer sich den Traum vom 80er-Kultbulli erfüllen möchte und nur über ein begrenztes Budget verfügt, sollte jedenfalls nicht länger warten und wenigstens mit der Suche beginnen. Auf der soll Sie dieses Buch begleiten. Ich wünsche Ihnen viel Erfolg!

LT-Spiegel sind ein beliebtes Extra und bieten nicht nur bessere Rücksicht. Sie verleihen dem Bus auch eine markantere Optik.

Evolution: In der zweiten Hälfte der 1980er wurde der Fensterbus immer luxuriöser und entwickelte sich zum Lifestyle-Van.

1 Der richtige Wagen?

Alltagstauglichkeit

Fast jeder T3 ist – regelmäßige Wartung und Pflege vorausgesetzt – alltagstauglich. „Fast" bedeutet: Die 50- und 57-PS-Diesel – denen auch gern mal die Zylinderkopfdichtung durchbrennt – und frühe Benziner mit 50 und 60 PS sind heute leistungsmäßig leicht überfordert. Vergaser und Diesel bekommen in der Regel keine grüne Feinstaubplakette. Für die Diesel gibt es Partikelfilter-Nachrüstsätze, es ist aber vom Einzelfall abhängig, ob sie am jeweiligen Fahrzeug verbaut werden können. Eine pauschale Aussage zur Nachrüstbarkeit und den anfallenden Kosten ist daher nicht möglich. Je nach Baujahr und Zustand „rettet" alle Busse jedoch inzwischen das H-Kennzeichen.

Die Allradvariante „Syncro" ist deutlich hochbeiniger. Der Tank wich der angetriebenen Vorderachse ins Heck.

Platzangebot

Grandios. Als beliebter „Fensterbus" befördert der T3 bequem bis zu neun Personen plus Gepäck, als „Transporter" auch schon einmal den Hausstand einer Studenten-WG. Die Pritschenwagen mit Einzel- oder Doppelkabine legen den Fokus naturgemäß mehr auf das Ladegut und schleppen davon auch eine ganz Menge. Wirkliche Platzsorgen kennt ein T3-Eigner kaum.

Hallo, Echo: Platzmangel ist kein dringendes Problem für T3-Besitzer.

Bedienbarkeit

Den VW Bus T3 gab es mit und ohne Servolenkung. Allerdings lassen sich auch Fahrzeuge ohne Lenkhilfe mit relativ geringem Kraftaufwand steuern, sofern die Serienbereifung montiert ist. Die Bedienung aller Tasten, Hebel und Schalter (so viele gab es nicht) ist selbsterklärend, alle Bedienelemente lassen sich ohne Verrenkungen erreichen. Ausnahme: Bulli-Neulinge suchen oft nach dem Waschwasserbehälter der Scheibenwaschanlage. Er findet sich im Fußraum vorn links unter dem Bodenteppich.

Volle Kontrolle: Wer mit diesem Cockpit nicht zurechtkommt, ist wohl auch mit einem Mofatacho überfordert. Alles Wichtige wird angezeigt.

Kofferraum

Die Bezeichnung Kofferraum ist untertrieben, eigentlich handelt es sich um eine rollende Gepäckhalle. Ursprünglich war der VW Bus ja als Nutzfahrzeug konzipiert worden, was sich im Platzangebot und der Erreichbarkeit der Nutzfläche ausdrückt.

Große Klappe: Dank Hecktors und Schiebetür ist das Innere sehr bequem zugänglich.

Was nicht durch die Heckklappe passt, findet seinen Weg durch die breite Schiebetür in den Innenraum. Selbst bei einem voll bestuhlten Neunsitzer-Kombi kommt das Reisegepäck der Besatzung in jedem Fall auch noch mit.

Platzbedarf/Garage

Selbst in seinen späten Modellvarianten mit bulliger ausgeführten Front- und Heckschürzen ist ein VW T3 nur knapp über 4,60 m lang und knapp über 1,80 m breit. Er passt also in jede durchschnittlich große Garage, und auch die Parkplatzsuche bereitet keine Probleme. Eine Ausnahme sind die Campingversionen mit Hochdach, die durchaus 2,50 m (und mehr) hoch sein können. Damit ist eine Normgarage dann überfordert.

Laufende Kosten

Betriebs- und Unterhaltskosten hängen natürlich stark von der Motorisierung ab. Gerade die Dieselmotoren werden mit Steuerforderungen in schmerzhafter Höhe gestraft. Die katlosen Benziner ebenso. Wasserboxer mit geregeltem Katalysator sind im Unterhalt, bis auf den unter Last nicht zu verachtenden Benzindurst, recht moderat. Je nach Motorisierung lassen sich durch den Einbau eines Kaltlaufreglers zusätzlich Steuern sparen. Die entsprechenden Nachrüstsätze sind allerdings nur noch schwierig zu beschaffen.

Ersatzteile

Die Ersatzteillage ist – bedingt durch den riesigen freien Markt und die große Fanszene – recht entspannt. Da der VW Bus T3 häufig als Behördenfahrzeug lief und Volkswagen langfristige Ersatzteilversorgung – vor allem gegenüber der Bundeswehr – vertraglich sicherstellen musste, war lange Zeit vieles über das Händlernetz verfügbar. Inzwischen ist das nicht mehr so, allerdings kümmern sich das hauseigene „Volkswagen Classic Parts Center" sowie viele auf die Baureihe spezialisierte Betriebe rührig um den Erhalt des Quaderbusses. Dennoch kann es bei speziellen Ausstattungsteilen für Camper oder Sondermodelle knapp werden oder die Suche dauert sehr lange. Heckstoßstangen – vor allem für die frühen Chrommodelle – werden praktisch in Gold aufgewogen.

Versicherung

An den Versicherungstarifen scheitert der Kauf eines klassischen VW-Busses sicher nicht, sie sind mit denen für zeitgenössische Pkw vergleichbar. Etwas teurer kommen gesuchte Varianten wie die „Hannover Edition Bluestar, Whitestar, Redstar", „Multivan LLE" oder die beliebten Campingausbauten von Westfalia („Westis"), da sie – tragisch, aber wahr – noch immer gern gestohlen werden. Da frühe T3 inzwischen H-Status besitzen und auch späte Modelle längst als Youngtimer anerkannt sind, bieten viele Versicherer (etwa OCC, Zurich, Provinzial) spezielle Klassikertarife an, die sich finanziell lohnen. Im Einzelfall können diese aber an bestimmte Bedingungen (etwa Kilometerbegrenzung und Nachweis eines Alltagsfahrzeuges) gekoppelt sein.

Werterhalt

Wie bei seinen beiden Vorgängern T1 und T2 zeigt die Wertkurve beim T3 inzwischen steil nach oben. Gepflegte und rostfreie „Fensterbusse" (Bus, Kombi, Caravelle, Multivan) kosten inzwischen deutlich fünfstellig und werden nicht mehr billiger. Ex-Behördenfahrzeuge, Pritschen und Dokas lassen sich mit viel Glück fahrbereit und mit überschaubarem Handlungsbedarf ab rund 5000 Euro finden. Alles darunter taugt praktisch nur als Teilespender.

Gute Seiten

Qualitativ war der T3-Bus seinerzeit allen Wettbewerbern überlegen, besser verarbeitet war keiner. Dazu kommt die schiere Modellvielfalt, durch die sich für nahezu jeden Zweck auch heute noch der passende Bus finden lässt. Und: Kennen Sie einen alltagstauglichen Klassiker mit noch mehr Platz für Familie und Gepäck?

Schlechte Seiten

Eine Medaille hat immer zwei Seiten. Der hohe Qualitätsstandard hat auch dafür gesorgt, dass viele T3 zeitlebens mehr geschunden als gepflegt wurden. Reparaturen wurden dann gern „zeitwertgerecht" ausgeführt, und der Schweißbrenner rettete den Wagen über den nächsten TÜV-Termin. Heute wissen viele, wie gesucht der T3 ist, entsprechend viele überschminkte Blender zu völlig überzogenen Preisen sind am Markt. Einen T3 kauft man deshalb am besten immer mit einem Experten an seiner Seite.

So treu, wie der T3 aus seinen Kulleraugen schaut, ist er auch. Leider wurde sein zutiefst uneitles Wesen oft ausgenutzt, vermeintlich günstige Exemplare sind meist in schlechtem Zustand.

Alternativen

Wer unbedingt einen Bulli sucht, wird kaum etwas anderes haben wollen. Schließlich war der T3 als letzter Heckmotorbus auch der letzte Zeuge einer untergegangenen Ära. Wem es dagegen um viel Platz im klassischen Gewand geht, der kann sich auch mal einen zeitgenössischen Ford Transit oder einen der seinerzeit gar nicht unbeliebten Japaner wie Mitsubishi L 300 oder Toyota HiAce ansehen. Auch Mercedes-Benz hatte seinerzeit mit dem 207 einen Bestseller im Programm, der sogar bis 1995 gebaut wurde und von dem es nicht minder viele Variationen gab.

2 Kosten – erschwinglich oder nicht?

Vorab sei gesagt, dass die Varianten- und Motorenvielfalt des VW T3 kaum pauschale Aussagen über anfallende Kosten zulässt. Grundsätzlich ist der „Bulli" ein technisch robustes Fahrzeug, der Anteil an störanfälliger Elektronik im Vergleich zu modernen Fahrzeugen sehr überschaubar. Alle genannten Ersatzteilpreise sind Richtwerte und orientieren sich an einem wassergekühlten (WBX) Boxermotor (1,9 Liter Hubraum, 78 PS, Kennbuchstabe DG). Hinzu kommt der jeweils fällige Arbeitslohn.

Die Motoren sind recht leicht instand zu halten, auch für die späten Wasserboxer mit Kat (Foto). Aber: Man muss es halt auch tun, eine Komplett-Revision wird teuer.

1.	Keilriemen:	11 Euro
2.	Lichtmaschine:	189 Euro/Drehstrom: 319 Euro
3.	Anlasser:	539 Euro
4.	Motorrevision komplett WBX:	4000 – 5000 Euro
5.	Zylinderkopf:	289 Euro
6.	Vergaser:	529 Euro
7.	Getriebe erneuern (Original VW):	ca. 3000 Euro
8.	Wasserkühler:	150 Euro
9.	Wasserpumpe erneuern:	120 Euro
10.	Auspuff:	1200 Euro
11.	Traggelenke Vorderachse:	95 Euro je Seite
12.	Querlenker vorn:	119 Euro je Seite
13.	Stoßdämpfersatz:	140 Euro
14.	Radlager vorn/hinten:	42 Euro/68 Euro
15.	Bremsbelagsatz (vorn):	30 Euro
16.	Bremsscheibe:	50 Euro
17.	Bremstrommel (Gehäuse):	50 Euro
18.	Bremsbelagsatz Trommel:	45 Euro
19.	Tank (Benziner/Syncro):	110 Euro/540 Euro
20.	Kupplung:	150 Euro
21.	Schiebetür neu (Originalteil):	1689 Euro
22.	Kniestück vorn rechts (um Tankstutzen):	199 Euro

Leicht zu finden:

Teile, die ein Bulli zum Fahren benötigt, bekommen Sie in der Regel an der Teiletheke des nächsten VW-Händlers oder über die Klassikabteilung des Herstellers. Zudem kümmern sich zahlreiche freie Spezialisten darum, dass der T3 läuft.

Technisch ist ein T3 kein furchtbar komplexes Fahrzeug, ausschlaggebend für (oder gegen) den Kauf sollte daher immer der Karosseriezustand sein.

Schwer erhältlich:

Als sogar sehr schwer erhältlich gelten Heckstoßstangen der frühen Modelle, speziell die verchromten Exemplare werden inzwischen fast mit Gold aufgewogen. Zudem kann es zu Engpässen bei speziellen „Westfalia"-Ausstattungsteilen und Bezugsstoffen kommen.

Besonders teuer:

Ein VW T3 war und ist grundsätzlich ein bodenständiges Fahrzeug. Das trifft auch auf seine Instandhaltungskosten zu. Natürlich gehen eine Zylinderkopfreparatur, eine Vergaser- oder Getrieberevision ins Geld. Allerdings auch nicht mehr als bei anderen Fahrzeugen der Zeit. Wirklich kostspielig können Karosseriereparaturen werden. Drohen diese in größerem Umfang, sollte man darüber nachdenken, gleich in ein Fahrzeug mit besserer Substanz zu investieren.

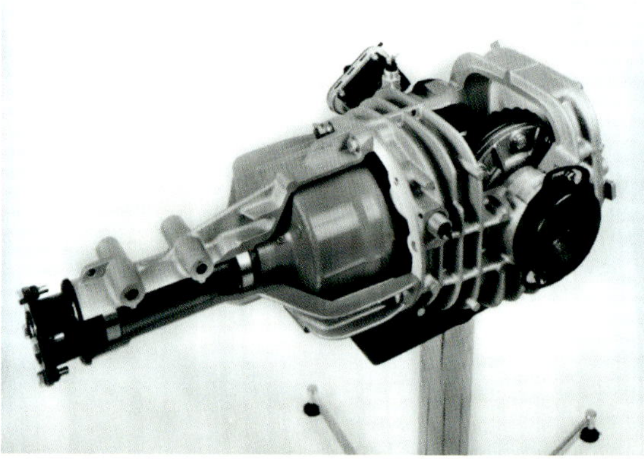

Die Getriebe (egal ob Automatik oder Handschaltung) gelten allesamt als nicht übermäßig robust.

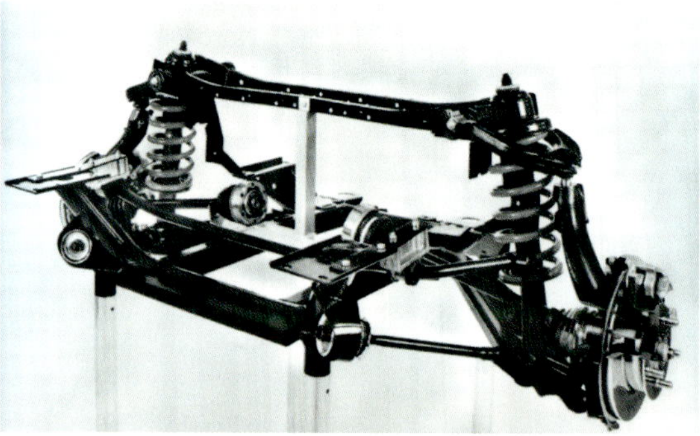

Die Vorderachse des Syncro ist an den Antriebswellen und dem Fahrschemel zu erkennen. Sie ist komplexer als das Pendant des Hecktrieblers, Instandsetzungen entsprechend kostspieliger.

3 Leben mit einem T3

Das Tolle an diesem Fahrzeug ist: Sie können nicht nur „mit" einem T3 leben, sondern bei Bedarf auch „in" einem T3. In der Tat ist der letzte Heckmotor-Bulli ein Fahrzeug für alle Lebenslagen. Als karger Transporter schleppt er ganze Hausstände von A nach B, als zweckmäßiger „Kombi", schicke „Caravelle" oder plüschig-luxuriös ausstaffierter „Multivan" befördert er bis zu neun Personen plus Gepäck.
Seine durchaus kompakten Abmessungen machen ihn jederzeit innenstadt- und parkhaustauglich. Wer auf die ganz große Reise gehen will, findet in einem der zahlreichen Wohnmobilumbauten auf T3-Basis – nicht zuletzt von Volkswagen selbst angeboten – den passenden Partner. Ach ja: Als allradgetriebenen Bergfex „Syncro" gab es ihn auch.
Kurzum: Es gibt praktisch nichts, was ein T3 nicht kann. Außer rasen. Selbst der bis zu 112 PS starke Wasserboxer macht den sympathisch kantigen Bus nicht zum Renner, wenn auch durchaus flott. Der in Kleinserie gebaute VW-Porsche B 32, ein T3 mit Porsche-Sechszylindermotor aus dem 911 (der lief immerhin 185 Spitze), ist so selten wie nahezu unbezahlbar.
Der als unverwüstlich geltende und asthmatisch klingende, wassergekühlte Basisdiesel mit zunächst 50, später 57 PS, der mit Mühe auf gerader Strecke an der 100-Stundenkilometer-Marke kratzt und recht häufig in den durchaus immer noch beliebten Ex-Bundeswehr-Bussen verbaut war, ist mit dem

T3 mit Benzinmotor vertragen keinen E-10-Sprit! Dafür kommen auch frühe Busse problemlos ohne Bleizusatz aus.

Auch wenn er etwas „angezählt" aussieht: Am Ende ist dieser Bus noch lange nicht. Er wird täglich eingesetzt und nicht geschont.

Es gibt unzählige Varianten, die Doppelkabine ist ein besonders praktisches Arbeitstier.

Feuchte Dämpfer, Rost am Radlauf? Der genaue Blick ins Radhaus und auf die Aufhängung (hier ein Syncro) ist wichtig!

Alltag auf heutigen Straßen allerdings schlicht überfordert. Was auf den anfangs ebenfalls nur 50 PS leistenden, luftgekühlten Vergasermotor (Motorkennbuchstabe: CT) auch zutrifft. Zeitgemäße Fortbewegung versprechen die 1982 eingeführten Wasserboxer mit 78 Vergaser-PS (Kennbuchstabe: DG) oder 95 Einspritzerpferden (Kennbuchstabe: MV), der bis zuletzt verbaute 92 PS-Einspritzer mit geregeltem Katalysator (Kennbuchstabe: SS) sowieso. Fällt die Wahl auf einen Selbstzünder, sollte es der Turbodiesel mit 70 PS (Kennbuchstabe: JX) sein.
Alles Weitere hängt von Ihren persönlichen Vorlieben und Ansprüchen ab. Für jeden Verwendungszweck gab oder gibt es den passenden T3, späte Modelle waren mit Servolenkung, ABS und diversen anderen Goodies recht gut ausgestattet. Nur einen Airbag gab es nie. Die Konstruktion des T3 gilt im Allgemeinen als wartungsfreundlich, eine versierte Fachwerkstatt sollte alle anfallenden Arbeiten komplikationslos erledigen können. Darüber hinaus kümmert sich bundesweit eine große Spezialistenszene um die letzten Busse mit Heckmotor. Auch Ersatzteile, die zum Teil über Volkswagen selbst nicht mehr ohne Weiteres zu bekommen sind, gibt es noch.
Der größte Feind des beliebten Kastenbullis ist der Rost. Das geht allerdings vielen Fahrzeugen seiner Epoche ganz genauso und sollte bei der Suche nicht überraschen. Viele Exemplare wurden über viele Jahre eher zweckorientiert instandgesetzt und nicht als Sammler- oder Liebhaberobjekte betrachtet. Deshalb müssen solche Autos nicht zwangsläufig eine schlechte Wahl sein und können als treue Alltagsbegleiter nach wie vor ihren Dienst tun. Der Markt ist gut sortiert, es gibt eine durchaus beachtliche Auswahl quer durch alle Baujahre und Ausstattungsvarianten.
Auch das eine oder andere Ex-Behördenfahrzeug mit verführerisch niedrigem Kilometerstand und lückenloser Historie lässt sich mit etwas Glück noch finden, auch wenn solche Schnäppchen selten werden. Das Preisniveau für gute Busse steigt kontinuierlich und damit auch die Gefahr, auf überschminkte Blender hereinzufallen. Nehmen Sie sich deshalb ausreichend Zeit. Irgendwann werden Sie vor „Ihrem" Bulli stehen und wissen: Der ist es!

Typisch: Das Dreiecksblech rund um den Tankstutzen gammelt gern weg, ist aber zumindest als Ersatzteil günstig.

Dieser Motor ist für die Beurteilung seines Zustandes eigentlich zu dreckig. Das andere Extrem – ein blitzsauberes Aggregat – wäre allerdings auch verdächtig.

Der untere Kühlergrill verrät den wassergekühlten Motor. Luftboxer haben dort blankes Blech, das nach ausreichendem Steinschlag auch gern mal rostet.

Form follows Function: In der Schlichtheit erkennt der T3-Fan formale Vollendung.

4 Relative Werte

Karosserie

Sie haben die große Auswahl: Vom Pritschenwagen mit Einzel- oder Doppelkabine über den schlichten Transporter mit geschlossenem Kasten bis hin zu den beliebten Fensterbussen (die zum Ende der Bauzeit ziemlich luxuriös wurden) und zahlreichen Campingmobilen – teils von Volkswagen selbst – reicht die Palette. Nicht zu vergessen natürlich all die Sonderaufbauten, die Volkswagen im Auftrag diverser Behörden und Institutionen (Polizei, Feuerwehr, Post, Bundeswehr) montierte. Da gilt es, vorher darüber nachzudenken, für welchen Zweck Sie den Bus einsetzen wollen, und dann gezielt zu suchen.

Die Doppelkabine mit Plane und Spriegel. Tarnanstrich und das abgedeckte hintere Fenster verraten die Herkunft als Kabelleger der Bundeswehr. Durch die Klappe wurde das Fernmeldekabel geführt.

Achten Sie darauf, dass die Schiebetür richtig schließt, und darauf, wie die Seitenwand aussieht. Wellige Bleche sind kein gutes Zeichen.

Der wohl beliebteste: Der klassische Fensterbus befördert bis zu neun Passagiere

Ein originaler Westfalia Joker ist inzwischen eine echte Wertanlage. Vorsicht: Es gibt viele Blender!

Oft geschunden: Die einfache Pritsche mit Plane und Spriegel ist heute eher selten.

Bis in die 90er hinein war der Postbulli mit Hochdach aus den Städten praktisch nicht wegzudenken.

Kraxelmaxe: Der Syncro war und ist nicht nur in bergigen Regionen beliebt. Aber da kann er zeigen, was in ihm steckt.

Rotkreuz-Klassiker: Generationen von Rettungssanitätern waren und sind in VW-Bussen unterwegs.

Die Motoren

Zunächst übernahm der T3 zwei luftgekühlte Boxermotoren seines Vorgängers, einen 1,6-Liter-Vergasermotor (Kennbuchstabe CT) mit 50 PS und einen Doppelvergasermotor (Kennbuchstabe CU) mit zwei Litern Hubraum und 70 PS. Letzterer ist unter Fans der frühen Exemplare recht beliebt, weil er im Grunde ausreichend flott ist und aufgrund seines vernehmlich rauschenden Lüfterrades im Klang an einen Porsche erinnert. Die beiden Vergaser benötigen allerdings regelmäßig fachmännische Wartung.

1982 führte Volkswagen die Wasserboxer (erkennbar am zweiten Kühlergrill in der Frontmaske) zunächst als Vergaser (60 und 78 PS, Kennbuchstaben DF und DG), später mit elektronischer Einspritzanlage „Digijet" (83, 90, 112 PS; Kennbuchstaben DH, GW, DJ) und „Digifant" (95 und 92 PS, Kennbuchstaben MV und SS, mit geregeltem Drei-Wege-Kat) ein. Auf diverse Ableitungen der Wasserboxer, etwa für die Schweiz, und Fünfzylindermotoren für Südafrika gehen wir hier nicht gesondert ein. Sie spielen für den hiesigen Markt keine Rolle.

Wohl aber die drei Selbstzünder: Ab 1981 gab es einen 1,6-Liter-Dieselmotor mit 50 PS (Kennbuchstabe CS), ab 1984 den durchaus beliebten 1,6-Liter-Turbodiesel mit 70 PS (Kennbuchstabe JX), der in vielen Wohnmobilen seinen Dienst verrichtet. Er blieb bis zuletzt im Programm. 1987 gönnte VW dem Basisdiesel eine Hubraumerweiterung auf 1,7 Liter, er leistete fortan 57 PS (Kennbuchstabe KY).

Marktlage

Die folgende Tabelle gibt einen guten Überblick über das Preisgefüge der verschiedenen Ausführungen in Deutschland, wie es sich bei Drucklegung dieses Ratgebers darstellte, ermittelt von Classic Data. Die Spezialisten für Fahrzeugbewertungen aus Bochum beobachten seit mehr als 25 Jahren den Markt für zwei- und vierrädrige Klassiker und bieten ein bundesweites Netz qualifizierter Kfz-Sachverständiger, die unter anderem Wertgutachten erstellen. Unter www.classic-data.de findet sich eine nach Postleitzahlen sortierte Liste der Classic-Data-Partner. In der Realität können die Preise jedoch abhängig von Ausstattung und Fahrzeughistorie variieren. Natürlich spielen Originalität und Zustand bei den zu erzielenden Preisen die größte Rolle. Aufgrund der großen Modellvielfalt des T3 berücksichtigen wir in der folgenden Tabelle ausschließlich die Ausführung als „Fensterbus" (Bus, Kombi, Caravelle, Multivan). Transporter und Pritschen liegen im Wert erfahrungsgemäß darunter, Campingmobile – vor allem auf Westfalia-Basis – darüber.

Alle im Folgenden angegebenen Werte schwanken je nach Zustand und Land.

					Zustandsnote				
Modell	Karosserie	Baujahr	PS/kW	cm^3	1	2	3	4	5
T3 Bus	Bus	1979 - 1982	70/51	1970 (LBX)	k. A.	12.200	6.900	2.500	k. A.
T3 Caravelle	Bus	1985 - 1989	112/82	2109 (WBX)	k. A.	18.300	10.500	5.900	k. A.
T3 Caravelle Carat	Bus	1985 - 1992	95/70	2109 (WBX)	k. A.	20.400	11.800	6.600	k. A.
T3 Caravelle Syncro TD	Bus	1985 - 1992	70/51	1588 (4R)	k. A.	17.800	10.300	6.100	k. A.
T3 Caravelle TD	Bus	1985 - 1989	70/51	1570 (4R)	k. A.	16.100	9.300	5.100	k. A.
T3 Multivan	Bus	1985 - 1991	70/51	1570 (4R)	k. A.	17.800	10.300	5.600	k. A.
T3 Transporter	Kombi	1979 - 1982	50/37	1584 (WBX)	k. A.	11.400	6.100	2.800	k. A.
T3 Transporter	Kombi	1982 - 1990	78/57	1913 (WBX)	k. A.	10.100	5.400	2.100	400
T3 Transporter D	Kombi	1981 - 1987	50/37	1588 (4R)	k. A.	9.500	4.800	2.100	k. A.
T3 Transporter D	Kombi	1984 - 1990	70/51	1598 (4R)	k. A.	9.900	5.100	2.300	k. A.
T3 Transporter	Pritsche-Doka	1982 - 1990	78/57	1913 (WBX)	k. A.	9.600	5.100	2.000	k. A.

(LBX) = Luftgekühlter Boxermotor
(WBX) = Wassergekühlter Boxermotor
(4R) = Vierzylinder-Reihenmotor (Diesel)

k. A.= keine Angabe

Quelle: Classic Data Stand: August 2017

5 Vor der ersten Inaugenscheinnahme

Die Goldene Regel für die Besichtigung lautet: Bleiben Sie gelassen! Zu große Begeisterung fürs Auto vernebelt den klaren Blick. Den aber brauchen Sie bei der Suche nach „Ihrem" Bulli. Informieren Sie sich vorab über die Marktlage, studieren Sie Fachmagazine und versuchen Sie, ein Gefühl für die Preise zu bekommen. Sind Sie unsicher, nehmen Sie Kontakt zu einem der zahlreichen VW-Bus-Spezialisten auf (siehe Kapitel 16) oder fragen Sie jemanden in Ihrem Bekanntenkreis, der Erfahrung mit älteren Fahrzeugen und natürlich idealerweise mit dem T3 hat.

Viele der im Folgenden genannten Punkte haben beim Klassikerkauf allgemeine Gültigkeit und beziehen sich nicht ausschließlich auf den VW Bus T3. Sie zu beachten, wird Ihnen also in jedem Fall helfen.

Wo steht das Auto?

Das Angebot an guten Exemplaren ist bundesweit recht ordentlich, und eventuell steht Ihr mutmaßlicher Traumwagen am anderen Ende der Republik. Dennoch lohnt es sich – bevor Sie eine mehrstündige Anreise in Kauf nehmen –, zunächst den Markt rund um Ihren Wohnort, vielleicht bis maximal 100 km Umkreis, zu sichten. Sie werden in jedem Fall eine Menge Fahrzeuge in den unterschiedlichsten Zuständen und Preiskategorien sehen und lernen, in welchem vernünftigen Verhältnis beides für Sie zueinander stehen sollte. Und wer weiß? Vielleicht wartet der Bus, den Sie zu finden hoffen, ja schon im Nachbarort.

T3-Busse im Showroom-Zustand (wie dieser aus dem Bestand der Volkswagen AG) sind kaum zu finden – wenn doch, dann praktisch unbezahlbar.

Händler oder Privatverkäufer?

Inzwischen gibt es – neben den allseits bekannten „Kiesplatz-" oder „Fähnchenhändlern" – eine stattliche Zahl von Betrieben, die sich auf den Handel mit VW Bussen spezialisiert haben. Arbeiten diese seriös, finden Sie dort zumindest keinen rollenden Schrott. Der Händler steht ja auch in der Gewährleistungspflicht, was große Vorteile hat, und wird Ihnen daher ordentliche Ware verkaufen wollen. Die hat dann allerdings ihren Preis. Auch im Fall des T3 sind zuweilen eklatante Preisunterschiede zwischen gewerblichem und privatem Markt festzustellen – die nicht immer qualitativ zu rechtfertigen sind. Bleibt der Privatkauf ohne Netz und doppelten Boden. Entweder sollten Sie selbst in der Lage sein, den Zustand eines Fahrzeuges einigermaßen sicher zu beurteilen, oder Sie nehmen zur Besichtigung jemanden mit, der das kann. Idealerweise sollte Ihr Begleiter um die typischen Schwachstellen alter VW-Busse wissen. Ein Restrisiko bleibt natürlich. Zu guter Letzt: Welchen Eindruck macht der Verkäufer? Haben Sie das Gefühl, dass er sein Auto gut kennt, und kann er entsprechende Belege vorweisen, ist das Risiko beim privaten Kauf schon besser überschaubar.

Augen auf beim Kauf von Privat. Wählen Sie zur Besichtigung einen anderen Ort als den Seitenstreifen einer Landstraße.

Kosten der Überführung

Übergibt der Verkäufer Ihnen das Auto angemeldet, brauchen Sie keine weiteren Kosten einzuplanen. Sie überführen ja auf eigener Achse und melden das Fahrzeug am Heimatort auf sich um. Erwerben Sie jedoch einen abgemeldeten Wagen, gibt es zwei Möglichkeiten: Entweder Sie mieten sich einen Trailer (was natürlich nur dann geht, wenn Sie Zugriff auf ein mit Anhängerkupplung ausgerüstetes Zugfahrzeug haben) oder Sie beantragen eine Kurzzulassung (5-Tages-Kennzeichen). Dafür muss das Fahrzeug über eine gültige HU-Plakette verfügen. Die Unterlagen bekommen Sie entweder von Ihrer Versicherung oder in der Zulassungsstelle.

Wer seinen T3 mit Kurzzulassung überführen möchte, achte darauf: Auch dafür muss das Fahrzeug eine gültige HU-Plakette besitzen!

Besichtigung – wann und wo?

Auf jeden Fall bei Tageslicht und zumindest bei trockenem Wetter. So erkennen Sie optische (Lackschäden, Dellen) und technische (Öl- respektive Flüssigkeitsverlust) Mängel besser. Sollte eine Grube oder Hebebühne vorhanden sein, nutzen Sie unbedingt die Möglichkeit, den Unterboden des Kaufobjekts zu inspizieren.

Was ist der Grund für den Verkauf?

Lobt ein Verkäufer sein Auto in den höchsten Tönen, hat aber keine plausible Antwort auf die Frage, weshalb er es dennoch veräußern möchte? Dann sollten die Alarmglocken läuten! Versuchen Sie herauszufinden, wie viele Vorbesitzer das Auto hatte und wie schnell die einander abwechselten. Da ist es hilfreich, wenn der alte Fahrzeugbrief noch vorhanden ist. Es ist normal, dass ein mehr als 20 Jahre altes Fahrzeug in seinem Leben zwei oder drei Besitzer hatte. Sind es aber deutlich mehr und haben diese den Wagen immer nur wenige Monate lang besessen, hat das immer Gründe!

Allgemeiner Zustand

Auch da können Sie dem Verkäufer auf den Zahn fühlen: Kann er Ihnen Angaben machen, die über den Anzeigentext hinausgehen? Hat er Reparaturbelege und Rechnungen, eventuell Fotos? Je plausibler und umfangreicher Antworten und Unterlagen sind, desto besser.

Original oder getunt?

Das ist zunächst Geschmackssache. Zeitgenössisch „aufgebrezelte" Karossen können ihren Reiz haben. Fahrzeuge in gepflegtem Originalzustand sind in jedem Fall begehrter und somit teurer. Ausnahmen bestätigen aber die Regel: Die in der Fanszene sehr gesuchten und qualitativ sehr hochwertig veredelten Fahrzeuge der Firma „Oettinger" oder – noch seltener – einer der mit Porsche-Motoren ausgerüsteten „Claer"-Busse sind in entsprechendem Zustand und mit nachvollziehbarer Historie einen Preisaufschlag wert. Ein ebenfalls in der Busszene

Die gesamte Heckpartie einschließlich der „Kiemen" sollten Sie eingehend auf Rost untersuchen.

sehr bekannter Tuner war und ist die Firma „Projektzwo" in Augsburg. Sollten Sie über ausreichend Vermögen verfügen und das äußerst unwahrscheinliche Glück haben, einen echten Porsche B32 – in der Tat hatten sich die Zuffenhausener für diese Kleinstserie als Hersteller in die Fahrzeugpapiere eintragen lassen – zu ergattern, werden Sie wahrscheinlich sowieso zuschlagen.

Auch um die Spiegelfüße und die Fensterrahmen kann das Blech gammeln.

Stimmen die Fahrzeugdaten?

Fragen Sie den Verkäufer unbedingt, ob der angebotene Bus frei von Ansprüchen Dritter ist (etwa einer Bank). Anhand der Fahrgestellnummer können Sie im Zweifel bei der Zulassungsstelle nachfragen, ob das Fahrzeug als gestohlen gemeldet wurde.

Die Sache mit dem Sprit (E10-Betrieb)

Keinen der im T3 verbauten Benzinmotoren hat der Hersteller für den Betrieb mit E10-Kraftstoff freigegeben.

Versicherung

Ein VW T3 ist grundsätzlich kein exklusives Fahrzeug, die Versicherungseinstufung liegt im bezahlbaren Rahmen. Die Camper und die begehrten späten Sondermodelle können etwas teurer kommen. Fragen Sie Ihre Versicherung auch danach, ob Sie den T3 als Klassiker (Youngtimer) anerkennt, dafür kann es dann spezielle Tarife geben. Frühe Modelle mit H-Zulassung laufen ohnehin günstig.

Wie kann ich bezahlen?

Privatgeschäfte sind oft Bargeschäfte, bei einem Händler können Sie den Kaufpreis in der Regel auch überweisen. Ein seriöser Kaufmann sollte sich darauf einlassen. Bestehen Sie in jedem Fall auf einen ordentlichen Kaufvertrag!

Kaufen auf einer Versteigerung?

Wenn Sie sich mit dem Gedanken tragen, Ihr Fahrzeug bei einer Auktion zu erwerben, lesen Sie unbedingt Kapitel 10! Bedenken Sie, dass Sie bei einer Auktion oft nur begrenzte Zeit zur Besichtigung haben, Probefahrten sind meist nicht möglich. Außerdem wird in der Regel ein so genanntes Aufgeld berechnet, das zum eigentlichen Kaufpreis hinzukommt. Und: Kaufen Sie nicht blind im Internet! Eine gewonnene Ebay-Auktion ohne vorherige Besichtigung des Objekts kann im Desaster enden. Die Chancen, noch einen VW T3 auf einer Behördenversteigerung (etwa unter www.vebeg.de) zu ergattern, geht inzwischen übrigens gegen Null, der kantige Bus ist flächendeckend ausgemustert.

Professionelle Überprüfung des Fahrzeugs

Falls Ihnen das Fachwissen fehlt, den Zustand eines Fahrzeugs realistisch einzuschätzen, nehmen Sie zur Besichtigung einen Kenner mit. Alternativ können Sie mit dem Verkäufer vereinbaren, dass Sie das Fahrzeug in einer Kfz-Werkstatt oder bei einer Prüforganisation (TÜV, Dekra, GTÜ etc.) zum Gebrauchtwagen-Check vorführen dürfen. Hat der Verkäufer nichts zu verbergen, sollte er Ihnen das nicht verweigern.

6 Inspektionsausrüstung

- **Dieses Buch**
- **Lesebrille (falls Sie eine benötigen)**
- **Magnet (ein schwacher reicht aus)**
- **Taschenlampe**
- **Kleiner Schraubendreher**
- **Mechanikeroverall**
- **Spiegel mit verlängerter Halterung**
- **Digitalkamera**
- **Einen Freund, möglichst einen mit Fachwissen**

Bevor Sie sich auf den Weg zu einer Probefahrt machen, sollten Sie eine kleine Ausrüstung zusammenstellen, die bei der Besichtigung hilfreich sein wird. Haben Sie keine Scheu, den anvisierten T3 gründlich zu untersuchen. Der Verkäufer soll ruhig sehen, dass Sie vorbereitet sind.
Vielleicht das wichtigste Hilfsmittel ist dieses Buch und die darin enthaltenen Checklisten. Vergessen Sie auf keinen Fall Ihre Lesebrille, sofern Sie eine benötigen, um etwas aus nächster Nähe zu inspizieren.

Ein Magnet entlarvt jeden Blender, dessen Karosserie zu weiten Teilen aus Spachtel besteht. Nur wo blankes Blech unter dem Lack liegt, bleibt der Magnet haften. (Vorsicht! Bei diesem Test nicht den Lack zerkratzen!) Dazu sollten Sie zunächst den jetzigen Besitzer nach reparierten Schäden fragen. Zumindest eine dünne Schicht Füllspachtel gehört nun einmal zu den meisten Karosseriereparaturen, auch einer professionellen. Das Fahrzeug sollte allerdings nur kleinflächige Spachtelungen aufweisen. Große Schäden werden vom Profi durch eingeschweißte Bleche behoben. Es spricht nichts gegen eine professionell ausgeführte Restaurierung. Allerdings sollte der Verkäufer mit offenen Karten spielen und diesen Umstand nicht verheimlichen.

Eine Taschenlampe bringt Licht in alle dunklen Bereiche eines Autos, und davon gibt's eine ganze Menge: Radhäuser, Fahrwerk, Unterboden, Motorraum und der Raum unter dem Armaturenbrett, um nur einige zu nennen.

Testen Sie mit einem kleinen Schraubendreher – aber vorsichtig! – verdächtig aussehende Bereiche des Unterbodens und der Karosserie um die Radhäuser herum. Auf diese Weise lassen sich möglicherweise unter dem Unterbodenschutz verborgene Durchrostungen finden. Wenn der Verkäufer Sie von dieser Untersuchung abhalten will, sollten Sie die Besichtigung abbrechen. Mit hoher Wahrscheinlichkeit wird nämlich der Prüfer bei der nächsten Hauptuntersuchung genau auf diese Weise kritische Stellen kontrollieren.

Speziell wenn keine Möglichkeit besteht, das Auto auf eine Hebebühne zu fahren, sollten Sie sich darauf vorbereiten, sich auf den Boden zu legen. Nehmen Sie deshalb einen Mechanikeroverall mit, den Sie über die normale Kleidung ziehen können. Genau in diesem Fall ist auch ein kleiner Spiegel hilfreich, der entweder auf einer kleinen Teleskopstange oder am Ende eines Stocks befestigt ist. Mit seiner Hilfe können Sie unter dem Auto – oder im Motorraum – Bereiche von Fahrwerk und Auspuff kontrollieren, die vor einem Blick verborgen sind.

Fotografieren Sie Teile bzw. Fahrzeugkomponenten, bei denen Sie sich nicht sicher sind. So können Sie später in aller Ruhe in Büchern oder bei Experten zusätzlichen Rat einholen. Überhaupt ist es ratsam, einen Freund zur Probefahrt mitzunehmen, idealerweise einen mit Mechanikerkenntnissen. Eine zweite Meinung – die mangels eigenem Interesse vielleicht sogar objektiver ist als Ihre eigene – ist bei einem Autokauf nie schädlich.

7 15-Minuten-Prüfung

Lohnt sich eine genauere Inspektion?

Innerhalb einer Viertelstunde werden Sie nicht beurteilen können, ob der blecherne Kandidat tatsächlich der lange gesuchte Freund fürs Leben ist. Manche Mängel erkennen weder der ehrlichste Verkäufer noch der pfiffigste Interessent, manche Fehler entwickeln sich schleichend. Schließlich reden wir hier über ein Fahrzeug, das mindestens ein Vierteljahrhundert alt ist. Sie tun in jedem Fall gut daran, niemals von einem perfekten Zustand auszugehen. Die folgende Checkliste gibt Ihnen zumindest einige Anhaltspunkte, ob sich die intensivere Beschäftigung mit dem Objekt der Begierde lohnt.

Rost ist das Haupt-Kriterium. Karosserienähte, Falze, Ecken und Kanten wollen besonders gründlich untersucht sein.

Optik/Karosserie

Der Zustand der Karosserie ist beim VW-Bus T3 absolut kaufentscheidend! Bevorzugen Sie stets das Fahrzeug mit der besseren Blechsubstanz. Kilometerstand und Motorisierung sind zweitrangig. Mängel an der Technik lassen sich nahezu immer preisgünstiger reparieren als marode Karosserien. Grundsätzlich skeptisch werden sollten Sie, wenn die Karosseriefalze zwischen den großen Blechtafeln der Seitenwände Blasen werfen oder sich bereits knusprig anfühlen (vor allem an der D-Säule). In der Regel ist der Rostbefall der gesamten Karosse dann so massiv, dass Sie die Besichtigung abbrechen können.

An Endspitzen und Radläufen wird gern „gebraten“, was das Zeug hält. Manchmal hält es allerdings nicht sehr lange.

Hochgradig verdächtig: Blühende Falze deuten an, dass die Karosserie ernsthafte Probleme hat.

Sind die Falze gar nicht mehr zu sehen, etwa im Bereich der hinteren Radläufe, wurden sie bereits hemdsärmelig überspachtelt. Ein absolutes Alarmsignal! Ebenso können die Fensterrahmen von Rost befallen sein. Es empfiehlt sich, alle Dichtungen anzuheben und den Blechrahmen darunter zu kontrollieren. Handelt es sich bei dem Objekt der Begierde um einen Camper, sollte unbedingt der Dachbereich auf Rost kontrolliert werden. Über Jahre eingesickerte Feuchtigkeit lässt Quertraversen unbemerkt durchfaulen.

Rost um die Rahmen kann an allen (!) Fenstern vorkommen, lässt sich aber vergleichsweise einfach beseitigen.

Alle Beleuchtungseinrichtungen sollen funktionieren und müssen dicht sein.

Wurde der Bus mit einem Hochdach nachgerüstet, sind die Karosserieübergänge und die Dichtungen zu inspizieren.

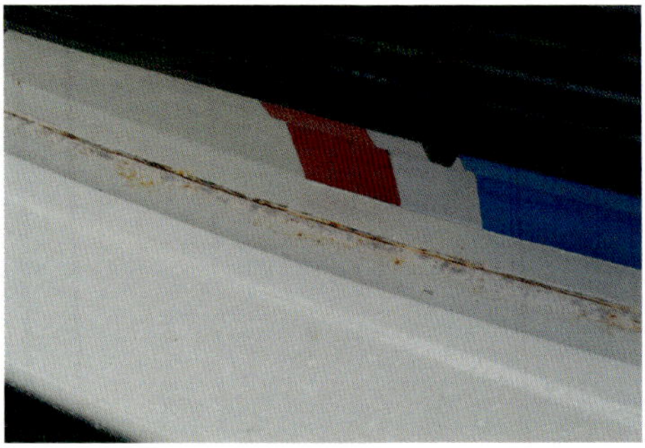

Auf dem vorderen Prallelement sammelt sich Wasser und kann nicht ablaufen, deshalb nistet sich dort gern Rost ein.

Wirft die Regenrinne Blasen, sollte dies als Warnung dienen, dass es im „Oberstübchen" des Busses gammelt. Etwas weniger kritisch ist der fast immer von Korrosion befallene Bereich hinter der Frontstoßstange zu betrachten. Auf dem Prallelement hinter dem Stoßfänger kann sich Wasser ansammeln, aber nicht richtig ablaufen, was früher oder später für Rost sorgt.
Einen genauen Blick verdienen das Blechdreieck rund um den Tankstutzen und alle Türeinstiege – vor allem um die Schiebetür. Gerade ehemalige Behördenfahrzeuge sind dort oft geschunden worden. Interessieren Sie sich für einen späten Bulli mit der Seitenbeplankung aus Kunststoff? Der Vorbesitzer wird Ihnen kaum erlauben, diese zu demontieren, dabei können sich dahinter wahre Rostnester verbergen. Schauen Sie sich zumindest die Oberkanten der Beplankung rund um das Fahrzeug an und drücken Sie leicht dagegen. Finden sich Blasen oberhalb der Beplankung? Knirscht es leise? Dann lauert dahinter Arbeit!
Werfen Sie auch einen Blick in den vorderen Fußraum auf Fahrer- und Beifahrerseite: Feuchtigkeit kann dort mehrere Ursachen haben, ist aber fast immer auf eine defekte Dichtung (Scheibenrahmen, Tür) zurückzuführen. Eine Besichtigung sollte immer auch den Unterboden des T3 einbeziehen. Es gilt, Außen- und Innenschweller zu inspizieren – Rost ist hier nicht zu tolerieren! – und den Tank zu prüfen. Er rostet von seiner Oberseite her durch und ist als Ersatzteil nicht günstig.

Gammelt es um den Tankstutzen, hilft nur der Austausch des Dreiecksblechs (als Ersatzteil erhältlich).

Die Einstiege sind Schmutzfallen und hochbelastet, oft knirscht es bereits böse.

Die strapazierten Laufschienen der Schiebetür sind traditionell Rostfallen.

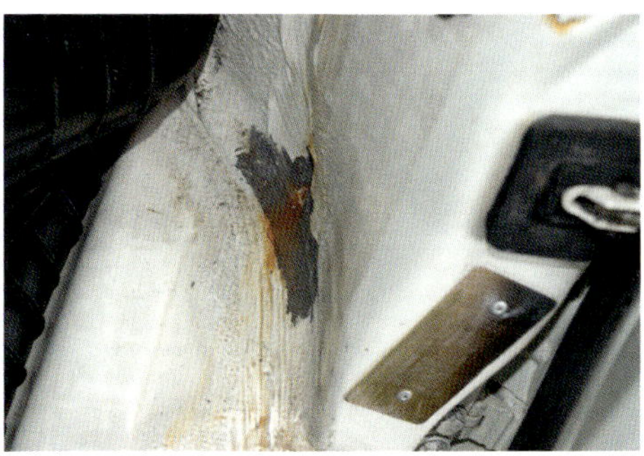

Die Innenseite der Radhäuser kann durch Wassereinbruch durchfaulen. Hier wurde bereits repariert.

Hängt die offene Tür sichbar nach unten, ist das ein Alarmzeichen! Eine durchgefaulte A-Säule ist kein Spaß.

Gammelnde Windschutzscheibenrahmen (oben) oder Rost am Heck (unten, am Übergang zum Hochdach) bedeuten Arbeit.

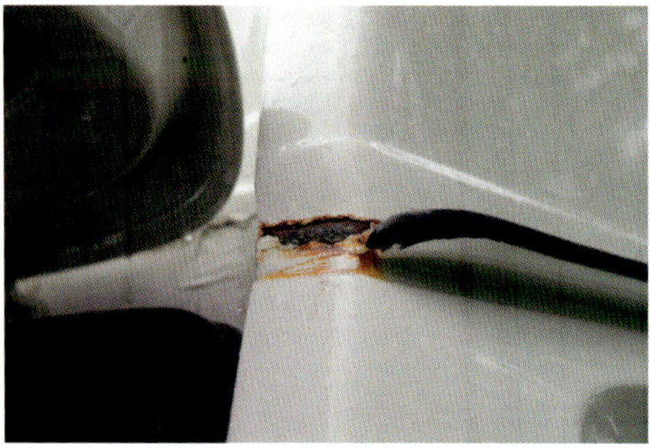

Der Unterboden will bei der Besichtigung natürlich ebenfalls gründlich inspiziert sein. Außen- und Innenschweller, Aufnahmepunkte der Achsen, der Tank – da kann allerhand im Argen liegen.

Dachaufbauten (Aufstell-/Hochdach)

Viele T3 wurden entweder ab Werk oder später mit einem festen Hochdach oder einem Aufstelldach versehen. GFK-Dächer werden mit den Jahren spröde und rissig, was auch auf die umlaufenden Dichtungen zutrifft. Bei Aufstelldächern leidet der luftdurchlässige Stoff, namentlich, wenn die Dächer unvorsichtig geschlossen wurden.

Der Stoff des Aufstelldaches ist nach weit über 20 Jahren oft mitgenommen, ist rissig und schmutzig. Unsachgemäßer Umgang mit dem Dach beschleunigt die Alterung.

Karge Hütte: Kunstleder ist strapazierfähig – und schweißtreibend – und macht einen Teil des Charmes alter T3 aus.

Krasser Gegensatz: Die drehbaren Einzelsitze mit klappbaren Armlehnen sind absolut langstreckentauglich.

Innenraum

Die Kontrolle des Innenraumes gleicht der bei jedem anderen gebrauchten Fahrzeug. Ob der T3 ein Leben als harter Malocher oder als gehätschelter Familien-Van hinter sich hat, erkennt man praktisch auf den ersten Blick. Volkswagen verwendete überwiegend robuste Stoffe und Kunststoffoberflächen, die die Jahre recht gut überstanden haben sollten.

Achten Sie vor allem auf Spuren ehemaliger Wassereinbrüche, übermäßige Verschmutzungen oder Beschädigungen und allgemein darauf, ob der Zustand des Mobiliars, der Pedalerie und des Lenkradkranzes zum angegebenen Kilometerstand passt. Bei ehemaligen Behördenfahrzeugen wurden Zusatzgeräte wie Funkanlagen, Telefone oder Signaleinrichtungen vor dem Verkauf meist ausgebaut, mit „löchrigen“ Innenausstattungen müssen Sie dann leben.

Den langen Schaltstock kennen Bullifahrer seit Jahrzehnten. Er lässt sich leidlich präzise führen.

Generell sollten alle Taster und Schalter, von denen es nicht so viele gibt, funktionieren. Besonders defektanfällig sind sie eigentlich nicht, und das gilt auch für die Armaturen. Hin und wieder spinnt die Kühlmitteltemperaturanzeige, was entweder auf einen Bruch in der Platine oder auf defekte Temperaturfühler oder -geber zurückzuführen ist.

Funktioniert die Tankanzeige nicht mehr, sind im schlimmsten Fall oxidierte Stecker am Tank schuld. Das ist ganz dumm, denn zur Reparatur will der dann ausgebaut sein. Ähnlich verzwickt gestaltet sich die Instandsetzung, wenn das Lüftergebläse den Geist aufgibt. Zum Austausch muss die gesamte Armaturentafel entfernt werden. Je nach Ausstattung gibt es funktionslose „Leerschalter“ oder Blenden.

Diese Armaturentafel wurde dezent „gesupert“, wichtiger ist, dass alle Instrumente funktionieren.

Dieser T3 hat erkennbar hart gearbeitet (und tut es noch). Unter all dem Dreck fällt es schwer, den tatsächlichen Zustand von Radhaus und Aufhängung zu beurteilen.

Quizfrage: Woran erkennen Sie einen Ex-Bundeswehr-Bus? An den beiden Lichtmaschinen. Der Halter kann mit den Jahren brechen.

Kontrollieren Sie nicht nur das Profil, sondern auch das Alter der Reifen (DOT-Nummer auf der Flanke).

Technik

Um den technischen Zustand des Busses zu beurteilen, ist eine Hebebühne ungemein hilfreich. So können Sie – am besten gemeinsam mit einem Fachmann – kontrollieren, wie es um die Vorderachse bestellt ist, deren Querlenkerbuchsen und Spurstangenköpfe mit den Jahren ausschlagen. Auch die Traggelenke und die Zugstreben nebst Gummilagern und Buchsen haben die Jahre meist nicht verschleißfrei überstanden. Kommt es ganz schlimm, können die Zugstreben an den Achsschenkeln abreißen!

Hin und wieder brechen Federn an der Hinterachse, was recht schnell repariert ist. Sind die Stoßdämpferaufnahmen oder die Hinterachsschwingen korrodiert, ist das deutlich aufwändiger zu beheben. Die Auspuffanlage ist als Ersatzteil sehr teuer, sie sollte möglichst schon getauscht worden sein oder sich in ordentlichem Zustand befinden.

Kontrollieren Sie auch den Verschleiß an Reifen, Bremsscheiben und -belägen. Wundern Sie sich nicht, wenn ein T3 ein wenig Öl verliert, völlig öldicht sind alte Boxermotoren fast nie. Der Verlust sollte sich aber in Grenzen halten. Überprüfen Sie das Motoröl auf Spuren von Wasser und bei Diesel und Wasserboxer das Kühlwasser auf Ölschlieren. Beides ist nicht gut und kündigt einen Defekt der Zylinderkopfdichtung an, weiße Abgasschwaden bestätigen diesen Verdacht.

Fazit

Vermutlich haben Sie für all diese Punkte doch länger gebraucht als 15 Minuten. Aber es handelt sich um gut investierte Zeit, die im Zweifel bares Geld spart.

8 Die wichtigsten Problemzonen

Einige der neuralgischen Punkte, die für die Zustands-Beurteilung entscheidend sind, wurden bereits im vorangehenden Kapitel erwähnt. Hier sind sie noch einmal zusammengefasst.

Karosserie allgemein

Gibt es Hinweise auf Unfallschäden? Farbunterschiede, schiefe Spaltmaße? Wellige Seitenwände? Rost an den Falzen zwischen den seitlichen Blechtafeln sind ein K.O.-Kriterium für das jeweilige Fahrzeug. Rostige Fensterrahmen sind fast obligatorisch. Insbesondere bei Campern – gleichgültig ob ab Werk oder nachträglich umgebaut – ist der Dachbereich rostgefährdet. Wirft die Regenrinne bereits Blasen oder wirkt die Dichtmasse spröde/rissig? Eine gut eingestellte Schiebetür rollt fast von selbst in die erste Raste. Tut sie das nicht, sollte man der Sache nachgehen. Auch hinter den Seitenbeplankungen („Carat-Beplankung") aus Kunststoff – sofern vorhanden – kann sich Rost eingenistet haben.

Der Rost kann an der gesamten Karosse wüten. Rund um den Einfüllstutzen …

… in der Laufschiene der Schiebetür und drumherum …

… selbstverständlich an den notorischen Endspitzen …

… an allen Falzen und Kanten der großen seitlichen Blechtafeln …

… an der Dachrinne (besonders bei nachgerüsteten Hoch- oder Aufstelldächern) …

… und an allen Türen und Klappen sowie an den zugehörigen Griffen.

Front

Rost am Prallelement hinter der Frontstoßstange greift schlimmstenfalls auf die gesamte untere Frontmaske über. Das Dreiecksblech rund um den Tankstutzen und die Einstiege aller Türen sind zu kontrollieren. Checken Sie die Dichtung der Windschutzscheibe und den Rahmen darunter sowie den Antennenfuß aus Gummi. Ist er spröde, kann Wasser in die A-Säule laufen. Wie ist es um den Zustand der Beleuchtungseinrichtungen bestellt? Sind alle Reflektoren sauber, rostfrei und klar, die Abdeckgläser ohne Risse?

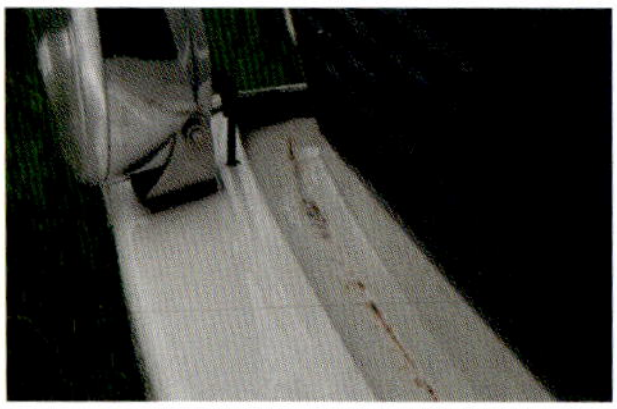

Der Bereich hinter der Frontstoßstange ist rostgefährdet, weil Wasser nicht ablaufen kann.

Selten schön: So sieht eine gesunde Blechpartie aus.

Der Einstieg sieht gut aus, heben Sie aber auch die Fußmatten an.

Achten Sie auf die Ruheposition der Scheibenwischer (manche hängen arg traurig herunter) und auf die Konsistenz des Scheibenrahmens.

Rund um den Antennenfuß gammelt es gern, dann dringt Wasser bis in den Fußraum vor.

Blinde oder feuchte Scheinwerfer sind kein großes Problem. Sie sind günstig und schnell getauscht.

Heck

Sind die Rückleuchten dunkel verfärbt, hat einer der Vorbesitzer Leuchtmittel mit zu hohen Wattzahlen montiert, was die Abdeckgläser auf Dauer nicht mitmachen. Die Heckklappe rostet mitunter sehr stark (vor allem bei Campern mit isolierender Doppelverglasung), ihre Scharniere und Dämpferelemente leiden unter jahrelangem „Fahrradträger-Huckepack“. Hat einer der Vorbesitzer stärkere Klappenlifte aus dem Zubehör montiert, können sich mit der Zeit die oberen Montagepunkte der Klappe verwunden haben, eventuell schließt sie dann nicht mehr richtig. Bei Fahrzeugen mit Anhängerkupplung: Wie sieht der elektrische Anschluss aus?

Verdreckte, gerissene und auffallend dunkel angelaufene Rücklichtgläser sieht der TÜV-Prüfer nicht gern.

Auch der Heckscheibenrahmen neigt zum Rosten. Hier wurde offensichtlich schon einmal laienhaft überpinselt.

Schwächeln die Dämpfer der Heckklappe, besteht akute Kopfschmerzgefahr. Vorsicht vor zu kräftigen Zubehörteilen. Sie können die Klappe verbiegen.

Motorraum

Ist der Motor auffallend verdreckt oder zu sauber für seine Laufleistung? Beides ist verdächtig. Ist das Kühlwasser (natürlich nur bei Wasserboxern und Dieselbussen) ölig oder riecht es verbrannt? Ist der Deckel des Öleinfüllstutzens an seiner Unterseite schaumig oder weißlich-klebrig? Falls ja, könnte das auf eine verendete Zylinderkopfdichtung schließen lassen. Helle Flecken an Kühlschläuchen und am Kühler selbst (dieser sitzt vorne und ist über extrem lange Kühlmittelleitungen mit dem Motor verbunden, auch diese sollten auf Un-

Die Motorklappe ist robust, mitunter sind die Verschlussösen unter grober Behandlung kaputtgegangen.

Die Dichtung unter der Motorklappe gibt irgendwann den Geist auf, der Austausch ist simpel, das Material günstig.

Doppelte Lichtmaschine im Ex-Bundeswehr-T3. Achten Sie darauf, ob der Halter bereits erneuert wurde.

dichtigkeiten überprüft werden) können auf Flüssigkeitsverlust hindeuten. In welchem Zustand ist die Innenseite des Motordeckels mitsamt seiner Dämmmatte (eventuell Marderschaden)? Wie sieht die umlaufende Dichtung des Motordeckels aus? Sind alle Flüssigkeitsbehälter ausreichend befüllt, dicht, und gibt es Nachweise über den jüngsten Wechsel? Gibt es lose Kabel oder Schläuche im Motorraum?

Innenraum

Passt der Zustand des Innenraums zur genannten Laufleistung und zum Baujahr? Wirken die Pedale abgetreten, der Schaltknauf abgegriffen? Funktionieren das Gebläse und die Tankanzeige? Auch die Kühlwasserkontrolle kann spinnen. Schalter-, Tastersymbole abgewetzt? Beleuchtung der Armaturentafel funktionsfähig? Kontrollleuchten und Sonderfunktionen intakt? Wasserflecken im Innen- oder im Fußraum? Welchen Eindruck macht der Innenhimmel, ist er stark verschmutzt oder eingerissen? Wie sieht der Boden im Bereich der Schiebetür aus? Ist er stark zerschrammt, können Sie davon ausgehen, dass der Bus häufig als Transporter missbraucht wurde.

An diesem nachträglich aufgesetzten Hochdach wurde bereits gearbeitet. Wichtig: Ist das „Heki“ (Hebekippfenster) dicht?

Basis-Information: Kühlmittel- und Tankanzeige neigen im Alter zu Defekten, die Instandsetzung ist nicht ganz einfach.

Einen derart gepflegten (und wohnlichen) Fahrgastraum sieht man nur bei Liebhaberfahrzeugen. Das spiegelt sich im Preis.

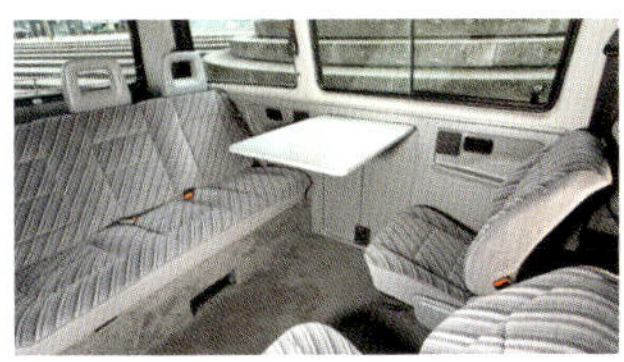

Er heißt nicht umsonst „Multivan“: Ein Klapptisch und Drehsitze waren bei dieser Ausstattung serienmäßig.

Unterboden

Prüfen Sie den Zustand aller Leitungen (Benzin, Bremsen, Hydraulik). Sind die Bremsschläuche porös? Sind Traggelenke, Querlenker, Vorderachsfedern und Achsaufnahmen ohne Befund und die Hinterachslager sowie die Stoßdämpfer intakt? Sind Abnutzung von Bremsscheiben und Belägen sowie Profilbild und Alter der Reifen noch tolerabel? Wie ist der Zustand der Auspuffanlage (neuer Ersatz ist teuer) und des Katalysators? Ist der Unterbodenschutz auffallend dick oder frisch aufgetragen, lohnt die Frage nach dem Warum auf jeden Fall.

9 Realistische Bewertung

Vergeben Sie in den entsprechenden Kategorien je nach Zustand die entsprechende Punktzahl (1–4), während Sie den Wagen untersuchen. Dabei bedeutet:

++(4 Punkte) perfekter Zustand
+ (3 Punkte) nahezu perfekter Zustand
o (2 Punkte) restaurierungs- bzw. reparaturbedürftiger Zustand
– (1 Punkt) schwere Mängel

Die Auswertung der Gesamtpunktzahl wird am Ende des Kapitels erklärt. Seien Sie bei der Beurteilung realistisch und lassen Sie sich nicht von der ersten Euphorie blenden, wenn Sie einem vermeintlichen Top-Auto gegenüberstehen – ein kühler Kopf kauft selten Schrott! Nehmen Sie sich Zeit und untersuchen Sie das Fahrzeug gründlich. Hektik und Nachlässigkeit werden meist mit teuren Reparaturen bestraft! Tipp: Nehmen Sie einen Magneten mit, um Spachtelstellen ausfindig zu machen. Eine Taschenlampe, ein Profiltiefenmesser, ein Schraubendreher und ein kleiner Spiegel sind ebenfalls nützliche Helfer.

Äußerer Zustand/Erster Eindruck

++	+	o	–
4	3	2	1

Zunächst sollten Sie die Fahrzeugbesichtigung ausschließlich bei trockenem Wetter vornehmen. Nässe und schlechtes Licht verfälschen den optischen Eindruck enorm. Wenn die Sonne scheint – noch besser! Umrunden Sie das Auto langsam und betrachten Sie es aus allen Perspektiven genau. Steht der Wagen gerade oder hängt er an einer Ecke oder Achse auffallend herab? Ist er innen und außen sauber und in originalem Zustand? Riecht der Innenraum unangenehm oder ist er vergilbt und verdreckt? Hören Sie ruhig auf Ihr Bauchgefühl, der erste Eindruck ist oft der Richtige.

Dieses geschmackvoll individualisierte Fahrzeug wäre trotz kleiner Mängel auch bei näherer Betrachtung ein guter Kauf.

Nicht jeder Prüfer erteilt diesem Bus die H-Zulassung. Klebefolie und Weißwandringe sind nicht original. Sie lassen sich aber leicht entfernen.

Farbkombination/Fehlfarben

++	+	o	–
4	3	2	1

Wir reden über ein Fahrzeug, das Ende der Siebzigerjahre erstmals verkauft wurde. Seinerzeit waren aus heutiger Sicht einigermaßen skurrile Beige- und Brauntöne oder aber sehr bunte Lackierungen üblich. Viele dieser heute undenkbaren Kombinationen haben überlebt

Eine frühe Chromstoßstangen-Caravelle im Zweifarb-Look ist heute ein gesuchtes Sammlerfahrzeug.

Bis in die frühen Achtziger hinein traute man sich Farbe, später wurde die Palette gedeckter.

und rechtfertigen keinen Preisabschlag. Im Gegenteil: Zeitgenössische Lackierungen sind vor allem im Hinblick auf eine H-Zulassung förderlich. In den späteren Jahren wurde die Farbpalette dezenter.

Lack

++	+	o	–
4	3	2	1

Beim Lack eines mehr oder weniger deutlich über 25 Jahre alten Autos ist bei weitem nicht alles in Ordnung, was noch halbwegs glänzt. Bei der Suche nach Ihrem Traum-Bulli werden Ihnen schlampig ausgeführte Reparaturen, alte Unfallschäden und nur notdürftig verdeckende „Verkaufsduschen" genauso begegnen wie ordentliche und rostfreie Ersthandfahrzeuge, bei denen noch nie eine Nachlackierung erforderlich war. Letztere dürften indes sehr selten sein. Konzentrieren Sie sich bei der Begutachtung des Lacks vor allem auf Blasenbildung an Falzen, Kanten und Karosserieübergängen, zuerst an den großen Blechtafeln der Seitenwände, die auch nicht verzogen sein dürfen. Entdecken Sie solche Aufwürfe, gehen Sie davon aus, dass der eigentliche – und deutlich größere – Schaden dahinter verborgen ist. Je nachdem an welchen Stellen Sie derartige Blasen entdecken, sollten Sie jemanden hinzuziehen, der sich mit Karosseriereparaturen auskennt und den Aufwand abschätzen kann. Schrammen und kleinere Macken können Sie dagegen unter Schönheitsfehler abhaken und bei Gelegenheit beheben lassen.

Noch ist das reparabel, aber am Blechfalz beginnt es bereits zu blühen.

Schlechtes Versteck: Die Rostblase bläht den Lack und die Folie darüber. Handlungsbedarf.

Karosserie, vor allem Türen und Hauben

++ + o –
4 3 2 1

Betrachten Sie die Karosserie als Ganzes und denken Sie daran: Ungleiche Spaltmaße sowie hängende Türen und Hauben gab es ab Werk nicht! Als Nutzfahrzeuge konzipiert, wurden die T3-Busse in Hannover sorgfältig montiert und routiniert verarbeitet. Schlecht schließende Hauben und Türen (insbesondere schleifende und hakende Schiebetüren) sowie schiefe Passungen sollten daher stets Anlass für weitere Nachforschungen sein. Oft wird ein früherer Unfallschaden die Ursache sein, was in jedem Fall Grund genug für einen deutlichen Preisnachlass ist.

Bei Fahrzeugen, die viele Jahre im Autobahnbetrieb unterwegs waren, werden Steinschlagspuren auf der Frontmaske vorhanden sein. Sind sie es nicht, könnte es sein, dass der Wagen neu lackiert wurde. Fragen Sie auch in diesem Fall nach dem Grund. Kratzer rund um Türschlösser und Griffe sind normal. Mitunter sind diese bereits mehrfach ausgetauscht worden und sie bekommen im Extremfall einen Schlüssel für jede vorhandene Tür. Damit muss man leben, die Schließzylinder galten als nicht sonderlich haltbar.

Abgegriffene Türöffner sind ein kosmetisches Problem, allerdings sind die Türschlösser nicht sonderlich haltbar.

Eine gut eingestellte Schiebetür rollt fast von selbst ins Schloss. Sieht die Laufschiene so aus, wird sie das kaum mehr tun.

Unterboden

++ + o –
4 3 2 1

Wenn Ihnen bei der Besichtigung eine Grube oder Hebebühne zur Verfügung steht, sollten Sie von dieser Möglichkeit unbedingt Gebrauch machen! Halten Sie Schraubendreher, Taschenlampe und Spiegel bereit.

Fallen Ihnen am Unterboden irgendwelche Ungereimtheiten auf – das können Bläschen oder Flugrost sein – sollten Sie an dieser Stelle vorsichtig drücken oder mit dem Schraubendreher klopfen. Mit an Sicherheit grenzender Wahrscheinlichkeit hat der Rost dort sein zerstörerisches Werk bereits begonnen und es wird knirschen. Das ist nicht immer ein Todesurteil für das betreffende Fahrzeug, jedoch gibt es einige neuralgische Punkte, an denen Reparaturen sehr aufwändig und damit kostspielig werden können. Dazu zählen unter anderem angegriffene Außen- und Innenschweller sowie Vorder- und Hinterachsaufnahmen. Vorn sind Querlenkerbuchsen, Spurstangenköpfe, Traggelenke und Zugstreben nebst Gummilagern und Buchsen einen intensiven Blick wert, hinten sollte man die Federn checken, sie brechen im Alter gern. Auch die Stoßdämpferaufnahmen und die

Die Ruheposition der Scheibenwischer ist nicht korrekt. Vielleicht sind sie nur falsch montiert.

Hinterachsschwingen müssen auf Korrosion überprüft werden. Achtung: Sind dort Schäden vorhanden, ist das Fahrzeug unter Umständen nicht mehr verkehrssicher!
Besonders tückisch kann es werden, wenn der Tank rostet. Meistens korrodiert er von seiner schlecht einsehbaren Oberseite her, Ersatz ist (als Neuteil) nicht günstig. Generell sollten natürlich alle unter dem Fahrzeug verlaufenden Leitungen (Benzin-, Brems-, Kühlmittelleitungen) intakt und dicht sein.
Werfen Sie unbedingt auch einen Blick in alle Radhäuser. Trauen Sie sich eine Beurteilung des Unterbodenzustands alleine nicht zu, sollten Sie zur Besichtigung unbedingt einen Experten mitnehmen.
Liegt untenherum etwas im Argen, können Reparaturen schnell den Zeitwert des Objektes übersteigen. Allerdings sollen Ihnen diese Zeilen auch keine Angst einjagen: Kaum ein Fahrzeug rostet an allen genannten Stellen gleichzeitig und gleich schlimm. Aber es ist wichtig zu wissen, worauf man sich einlässt.

Das Reserverad liegt unterm Vorderwagen – meist vergessen und vergammelt in mutmaßlich schon halbverfaulter Blechwanne.

Gerade bei Arbeitstieren ist die Radaufhängung hochbelastet. Steht eine Hebebühne zur Verfügung, sollte man sie bei der Besichtigung nutzen.

Dichtungen

++	+	o	–
4	3	2	1

Generell sollten Sie sich alle erreichbaren Dichtungen gut ansehen. Das fängt mit der kleinen rund um den Antennenfuß an und reicht über alle (!) Fensterdichtungen (bei Campern besonderes Augenmerk auf Dachdichtungen legen) bis zu den großen, etwa die um den Kofferraum. Es ist nie gut, wenn sich Feuchtigkeit im Verborgenen ausbreitet. Öffnen Sie auch im Motorraum alle Flüssigkeitsbehälter und sehen sich deren Dichtungen an.

Die Kontrolle aller Fensterdichtungen ist obligatorisch. Knirscht es unter Fingerdruck, ist der Rahmen schon verrostet.

An Campingbussen müssen auch die Abluftführungen für die vielen Zusatzaggregate gründlich untersucht werden.

Werfen Sie stets einen Blick unter alle Matten und Klappen, um etwa kaputte Dichtungen aufzuspüren.

Der Weg vom Grill zum wassergekühlten Motor ist weit. Achten Sie auf Lecks in den Leitungen.

++	+	o	–
4	3	2	1

Kühlsystem

Das Kühlsystem des VW T3 besteht bei den wassergekühlten Boxermotoren ab 1982 zum großen Teil aus langen Leitungen, die unter dem Wagenboden vom Motor im Heck bis zum Kühler in der Frontmaske und wieder zurück laufen. Auf diesem langen Weg sind Leckagen nicht selten, weshalb die Leitungen sorgfältig kontrolliert werden sollten. Welche Farbe hat das Kühlmittel? Ist es stark dunkel verfärbt? Riecht es ölig oder verbrannt? Befindet sich ausreichend Kühlmittel im Ausgleichsbehälter?

++	+	o	–
4	3	2	1

Beleuchtung

Prüfen Sie die Funktion aller Leuchten einschließlich Scheinwerfer, Rückleuchten, Blinker, Brems- und Nebellampen. Oft sind sie bereits undicht, manchmal sind die Streuscheiben gerissen und die Abdeckgläser der Rückleuchten dunkel verfärbt. Auch die Kennzeichenleuchten sollten funktionieren, andernfalls notiert das der Prüfer in der Hauptuntersuchung als Mangel.

Achten Sie auch bei Zusatzscheinwerfern unbedingt auf Prüfzeichen und Typgenehmigung.

Manchmal sind die Halteschrauben der Lampengläser rundgedreht, mitunter die Gläser dunkel verfärbt.

Vermeintliche Kleinigkeit: Defekte Kennzeichenleuchten moniert der TÜV als Mangel.

Dieser Hauptscheinwerfer sieht gut aus. Achten Sie auf Funktion und Dichtheit.

Scheibenwischer

++ + o –
4 3 2 1

Abgesehen vom Zustand der Wischergummis (Rissig? Hart?), die man im Zweifel schnell ersetzen kann, ist zu überprüfen, ob alle Geschwindigkeiten inklusive der Intervallschaltung funktionieren. Tun sie dies nicht, kann der Fehler auch im Lenkstockhebel liegen.

Wischerblätter sind leicht ersetzt, aber achten sie auf Leichtgängigkeit und Funktion der Arme – und der Waschanlage.

Scheibenwaschanlage

++ + o –
4 3 2 1

Prüfen Sie Zustand und Funktion der Scheibenwaschanlage. Bulli-Neulinge wissen oft nicht, wo sich der entsprechende Flüssigkeitsbehälter (vorn links im Fahrerfußraum) befindet.

Aufstell-/Hoch-/ Schiebedach

++ + o –
4 3 2 1

Je nach Ausstattung war der T3 mit diversen Dachaufbauten erhältlich, die im Alter genau kontrolliert werden sollten. Aufstell- und Hochdächer werden mitunter porös, ihre Dichtungen härten aus, die Stoffverkleidung im Aufstelldach wird rissig und unansehnlich. Gegen Aufpreis waren bis zu zwei Schiebedächer erhältlich. Auch da gilt: Sind sie dicht? Funktionieren sie einwandfrei und einigermaßen geräuscharm?

Achtung: Busse mit festem Hochdach sind für eine Normgarage zu hoch. Auch manch niedrige Durchfahrt kann zum Problem werden.

Reifen und Felgen

++ + o –
4 3 2 1

Prüfen Sie zunächst – vor allem, wenn Exemplare aus dem Zubehör montiert sind – ob die Räder für das Modell zugelassen sind. Lassen Sie sich Unterlagen (ABE, TÜV-Eintragung) zeigen. Überprüfen Sie das Alter (DOT-Nummer) und die Profiltiefe sowie das Laufbild der Reifen. Sind sie ungleich abgefahren, kann eine Justierung der Achsgeometrie erforderlich sein. Sehen Sie sich den äußeren Rand der Felgen (Felgenhorn) an. Gibt es Beschädigungen, die von Bordsteinkanten herrühren können?

Das originale Stahlrad mit Chromkappe steht vor allem frühen Bussen sehr gut. Achten Sie auf Beschädigungen an Felgenrand und Reifenflanke.

Radlager/Antriebswellen/Traggelenke

++ + o –
4 3 2 1

Liegt dort ein Schaden vor, stellen Sie ihn spätestens auf der Probefahrt fest. Defekte Radlager, Antriebswellen oder Traggelenke machen lautstark auf sich aufmerksam. Mahlende, kreischende Geräusche insbesondere bei Kurvenfahrt kündigen das baldige Ende eines oder mehrerer Radlager an. Traggelenke ächzen und knarzen beim Einfedern des Vorderwagens erbärmlich. Reparaturen sind Routine – Ersatzteile in unterschiedlichsten Qualitätsstufen recht günstig – und kosten kein Vermögen, sollten aber nicht aufgeschoben werden.

Das Fahrwerk des T3 galt als eines der besten – wenn nicht gar als das beste – Transporterfahrwerke seiner Zeit und verlieh dem Nutzfahrzeug Pkw-Fahrgefühl. Es war nicht nur recht komfortabel, sondern auch sehr richtungs- und spurstabil. Sollte es das nicht (mehr) sein, ist etwas nicht in Ordnung und Sie sollten der Ursache unbedingt auf den Grund gehen.

++ + o –

Bremssättel und -klötze

4 3 2 1

Schlagen Sie zur Sichtprüfung der Bremsanlage die Vorderräder zur einen und dann zur anderen Seite ein. So bekommen Sie (relativ) freien Blick auf Bremssättel- und Beläge. Diese sollten eine Mindeststärke von 2 bis 3 Millimetern aufweisen, wobei dies dann auch der so genannten Abfahrgrenze entspricht.

++ + o –

Bremsscheiben/Trommelbremsen

4 3 2 1

Einen vernünftigen Eindruck der Bremsscheiben bekommen Sie nur nach Demontage der Räder. Bei der ersten Begutachtung des Wunschfahrzeuges sollten Sie aber zumindest durch die Öffnung der Felgen hindurch abtasten, ob sich die Bremsscheibe riefig oder wellig anfühlt. Fahren Sie mit den Fingerspitzen über den Rand der Bremsscheibe. Je besser Sie einen deutlich hochstehenden Rand ertasten können, desto dringender ist ein Austausch der Bremsscheibe. Den Zustand der Trommelbremsen hinten kann nur ein Fachmann mit letzter Sicherheit beurteilen. Sind sie – etwa nach langer Standzeit – festgegangen, müssen sie zerlegt, gereinigt und wieder gangbar gemacht werden. Dies bedeutet einen nicht zu verachtenden Kostenfaktor.

++ + o –

Handbremse

4 3 2 1

Die Handbremse ist häufig Anlass zur Kritik bei der Hauptuntersuchung. Sie sollte ebenfalls einwandfrei funktionieren. Bei Fahrzeugen mit Automatikgetriebe wird sie manchmal schlicht zu selten benutzt, neigt also eher mal zur Fehlfunktion.

++ + o –

Blick in den Motorraum

4 3 2 1

Öffnen Sie die Motorklappe im Heck mittels der Drehverschlüsse. Prüfen Sie, ob sich alle Komponenten im Originalzustand befinden oder ob Zubehörteile von Drittanbietern verbaut wurden. Welchen Eindruck macht das Aggregat auf Sie? Gibt es auffällige Verölungen oder weiße Flecken, die auf ausgelaufenes oder übergekochtes Kühlmittel hinweisen? In welchem Zustand ist der Keilriemen? Gibt es auffällige Laufgeräusche (Klappern, Rasseln)?
Ex-Bundeswehr-Busse waren stets mit zwei Lichtmaschinen ausgerüstet, deren Halter gelegentlich brechen. Lassen Sie sich nicht von frisch gesäuberten Aggregaten blenden! Ein betagter Motor darf nach Arbeit aussehen, er sollte allerdings keine Undichtigkeiten aufweisen.

So sauber sieht ein T3-Motorraum selten aus. Ganz frisch gereinigte Aggregate müssen genauso gut gecheckt werden wie scheinbar gammelige.

Die Getriebe gelten als nicht sonderlich standfest. Sehr lange Schaltwege sind fast normal, komplett fühlloses Rühren im Getriebe sollte allerdings stutzig machen.

Getriebe (Automatik und Schalter)

++ + o –
4 3 2 1

Unabhängig davon, ob es sich um eine manuelle Schaltbox oder um eine Automatik handelt, die Getriebe galten zeitlebens als nicht sonderlich standfest. Hakelt es beim Gangwechsel verdächtig hartnäckig oder „rutschen" der Automatik die Gänge durch, steht eine Überholung an. Und die wird nicht günstig.

Kofferraum

++ + o –
4 3 2 1

Welchen Eindruck macht der Kofferraum? Ist er sauber oder stark verschmutzt? Überprüfen Sie auch Zustand und Vollständigkeit des Bordwerkzeuges und des Verbandkastens (Haltbarkeitsdatum!), auch Ersatzrad (beim T3 unter dem Vorderwagen montiert) und Warndreieck sind einen Blick wert.

Batteriezustand

Um den Zustand der Batterie zu überprüfen, benötigen Sie ein Multimeter. Im Leerlauf sollte es – an beide Batteriepole angeschlossen – einen Wert zwischen 13,8 und 14,2 Volt Gleichspannung anzeigen, bei abgestelltem Motor etwa 12,4 bis 12,6 Volt. Ist der Anzeigewert bei abgestelltem Motor deutlich niedriger als 12,4 oder gar 12 Volt, sollte die Batterie ausgetauscht werden.

++ + o –
4 3 2 1

Wer einen so gepflegten Laderaum vorfindet, steht vermutlich an einem restaurierten Fahrzeug.

Wassereinbrüche

++ + o –
4 3 2 1

Überprüfen Sie den gesamten Innenraum (Teppiche, Sitze) auf Wasserflecken. Fühlen Sie in allen Türtaschen nach Feuchtigkeit und heben Sie alle Bodenbeläge an. Die „Saugprobe“ auf textiler Auslegeware mit einem Taschentuch kann weiteren Aufschluss geben. Saugt es sich voll oder wird es klamm, besteht Handlungsbedarf.

Innenraum

++ + o –
4 3 2 1

Da ist wieder der ganzheitliche Eindruck wichtig. In welchem Zustand befinden sich Sitze, Teppiche, Verkleidungen, Tasten, Knöpfe, Lenkrad, Schalthebel, Dachhimmel? Riecht es muffig? Ist alles original oder vom Vorbesitzer (oder den Vorbesitzern) partiell verändert worden (Lenkrad, Sitze, Audioanlage)? Überprüfen Sie den Verstellmechanismus der Sitze sowie alle Taster und Schalter auf Funktion. Funktioniert die Innenbeleuchtung und schaltet sie sich auch wieder ab?

Im Innenraum kann im Grunde nicht viel kaputt gehen. In der Regel übersteht das Interieur die Jahrzehnte erstaunlich gut.

Oft ist das Gewinde so ausgeleiert, dass der Knauf locker auf dem Schalthebel sitzt und sich ständig verdreht.

Bezüge und Bodenbeläge sollten in brauchbarem Zustand sein und natürlich vollständig.

Die Instrumente funktionieren in der Regel auch nach vielen Jahren klaglos. Hin und wieder fällt die Beleuchtung aus, was aber kein Beinbruch ist. Geschickte Selbermacher bekommen das günstig in den Griff.

++ + o –

4 3 2 1

Lenkrad und Hupe

Macht das Lenkrad einen abgegriffenen, glatten oder speckigen Eindruck? Funktioniert die Hupe?

++ + o –

4 3 2 1

Instrumente

Die Instrumente des T3 sind nicht für Probleme bekannt. Es gibt ja auch nicht so viele davon. Achten sollten Sie allerdings darauf, ob die Instrumentenbeleuchtung, die Tankanzeige und die Kühlmittelkontrollanzeige funktionieren. Zeigen letztere Fehlfunktionen, sind in nahezu allen Fällen nicht die Anzeigen selbst, sondern spinnende Geber die Ursache.
Ist das Gebläse defekt, muss zum Austausch die gesamte Armaturentafel demontiert werden. Nicht selten führen technische „Verschlimmbesserungen" heimwerkender Vorbesitzer zu Fehlfunktionen. Diese sollte man so gut es geht zurückbauen.

Auspuffanlagen verschleißen nicht übermäßig schnell, aber wenn, dann sind sie nicht ganz günstig. Das ist ein Grund dafür, weshalb viele verwahrloste T3 bis zum nächsten TÜV-Termin lautstark durch die Gegend bollern.

Radaufhängung

++ + o –
4 3 2 1

Die Radaufhängungen gelten grundsätzlich als robust. Vorsicht ist geboten, wenn ein Fahrzeug verändert, beispielsweise tiefergelegt oder mit extrem breiter Bereifung versehen wurde. Wenn Sie den Kauf eines solchen Autos in Erwägung ziehen, sollten Sie die Radaufhängungen in einer Werkstatt überprüfen lassen.

Auspuff

++ + o –
4 3 2 1

Klar: Undichtigkeiten an der Auspuffanlage sieht und hört man. Wurden Veränderungen vorgenommen (Sportauspuffanlage), sollte man sich vergewissern, dass der Umbau eingetragen ist und korrekt vorgenommen wurde. Lassen Sie sich die Unterlagen zeigen.

Ölaustritte

++ + o –
4 3 2 1

Ob ein Auto öldicht ist, kontrollieren Sie am besten nach der Probefahrt. Stellen Sie das betriebswarme Fahrzeug auf ebenem Grund ab und legen Sie ein Stück Pappe unter den Motor. Da sollte nichts tropfen. Es ist nicht ungewöhnlich, dass ein alter Boxermotor „schwitzt" oder ein wenig Schmierstoff austritt. Dies sollte aber nicht überhand nehmen. Ansonsten sehen Sie sich den Motor genau an.

Kühlwasserverlust (Wasserboxer und Diesel)

++ + o –
4 3 2 1

Schauen Sie unter das Auto, ob Kühlwasser austritt. Helle Flecken an den äußeren Teilen des Kühlsystemes (Schläuche, Schlauchschellen) können auf frühere oder akute Undichtigkeiten hinweisen.

Zustand aller Flüssigkeiten

++ + o –
4 3 2 1

Bewerten Sie den Zustand und das Alter aller Flüssigkeiten anhand idealerweise vorliegender Wartungsunterlagen oder entsprechender Zettel im Motorraum. Sollte eines der Betriebsmittel auffallend dunkel sein, gehört es mit Sicherheit ausgetauscht. „Schwarzes" Kühlmittel oder stark verfärbte Bremsflüssigkeit sind nicht normal!

Ölverlust aus der Kraftübertragung

++ + o –
4 3 2 1

Auch Getriebe und Differenziale können undicht werden. Achten Sie nach der Probefahrt auf frische feuchte Stellen.

Probefahrt

++ + o –
4 3 2 1

Eine ausgiebige Probefahrt sollten Sie sich nicht ausreden lassen! Es gibt Händler, aber auch Privatleute („Bei dem ist doch alles in Ordnung" – „Sie dürfen ihn fahren, wenn Sie ihn danach kaufen"), die das mit dubiosen Ausreden verhindern oder Sie unter Zeitdruck setzen wollen. Fahren Sie das Auto möglichst abwechslungsreich durch die Stadt, über eine Landstraße und ein Stück Autobahn.

Probieren Sie alle Funktionen aus, schalten Sie das Getriebe durch, bremsen Sie auch einmal stärker. Und vor allem: Setzen Sie auf Ihre Sinne! Hören Sie genau zu, ob Ihnen etwas verdächtig scheint. Riechen Sie, ob etwas ungewöhnlich ist. Schauen Sie auf Anzeigen und Kontrollleuchten. Vertrauen Sie Ihrem „Popometer" – wie liegt der Wagen, wie fühlt er sich an?

++	+	o	-
4	3	2	1

Wer es ganz genau wissen will

Ein Vorbesitzer, der von seinem Fahrzeug überzeugt ist, wird sicher nichts dagegen haben, wenn Sie das Auto von einem unabhängigen Gutachter überprüfen lassen wollen. Viele Werkstätten, Automobilclubs und Prüforganisationen bieten einen Gebrauchtwagen-Check an. Natürlich gibt es den nicht kostenlos, und der Verkäufer wird die Kosten kaum übernehmen wollen. Sie sollten sich also relativ sicher sein, dass es sich bei dem besichtigten Exemplar um Ihr nächstes Auto handelt. Unterm Strich ist solch ein professionelles Urteil für beide Seiten ein Gewinn.

Auswertung
Addieren Sie nun alle Punkte

124 Punkte = Hervorragend, dieses Fahrzeug garantiert Wertzuwachs

93 bis 123 Punkte = Gut bis sehr gut, dieses Fahrzeug können Sie bedenkenlos kaufen

62 bis 92 Punkte = Durchschnitt bis gut, aber wo liegen die gefundenen Probleme?

31 bis 61 Punkte = Unterdurchschnittlich bis mittelmäßig. Überlegen Sie sich den Kauf gut.

30 Punkte und weniger = Hier sind einige Investitionen erforderlich. Wenn der Preis besonders günstig ist und Sie handwerkliche Fähigkeiten besitzen, können Sie es wagen. Die Erfahrung mit den Vorgängern T1 und T2 zeigt, dass sich selbst der Aufbau kapitaler Wracks mittelfristig lohnen kann.

10 Auktionen – ein anderer Weg zum Traumwagen

Pro und Kontra

Pro: Die Preise sind im Allgemeinen niedriger als bei Händlern oder privaten Verkäufern und man kann möglicherweise ein echtes Schnäppchen machen. Professionelle Versteigerer haben zumeist alle Formalitäten mit dem Verkäufer erledigt.

Kontra: Man muss allein der Beschreibung im Katalog vertrauen. Die Möglichkeiten zur Überprüfung sind begrenzt und eine Probefahrt ist nicht möglich. Auktionsmodelle sind oft in einem unterdurchschnittlichen Zustand und verlangen nach zusätzlichen Reparaturen.

Welche Auktion?

Die Veranstaltungen der etablierten Auktionshäuser werden in Automobilmagazinen oder auf den Internetseiten der Unternehmen angekündigt. Der Katalog oder eine einfache Aufstellung der zum Aufruf kommenden Modelle ist erst kurz vor der Auktion erhältlich. Allerdings veröffentlichen die Unternehmen ihre Angebote auch schon früher auf ihren Internetseiten. Nehmen Sie Kontakt mit dem Auktionshaus auf, um die Ausrufpreise zu erfahren. Details der bereits gelaufenen Auktionen sind zumeist im Netz zu erfahren und ein guter Indikator.

Katalog, Eintrittsgelder und Zahlungsmodalitäten

Der Katalog fungiert oftmals auch als Eintrittskarte für zwei Personen während der Besichtigungstage und für die Auktion selbst. Die Angaben in den Katalogen sind zumeist kurz und knapp, enthalten aber in der Regel Angaben über die Zahl der Besitzer, den Kilometerstand und die Wartungsgeschichte des Wagens. Der angegebene Ausrufpreis gibt eine erste Andeutung, in welchen Kategorien man sich bewegt, und gleichzeitig werden im Katalog auch die verschiedenen Zahlungsformen sowie das verlangte Aufgeld angegeben. Zumeist verlangt der Auktionator Barzahlung, es sind aber auch andere Modalitäten wie Zahlung mit Kreditkarte oder mittels eines von der Bank bestätigten Schecks möglich. Kein Fahrzeug wird herausgegeben, bevor nicht alle Zahlungsmodalitäten geklärt sind. Bei Verzögerungen kann der Auktionator Lagergebühren verlangen.

Aufgeld

Bei der Kalkulation darf man unter keinen Umständen das Aufgeld vergessen. Daneben können noch andere Steuern fällig werden.

Besichtigung

Bei den meisten Auktionen ist vorab eine Besichtigung der Wagen möglich. Hilfskräfte des Auktionators sind dabei durchaus bereit, die Motor- oder Kofferraumhaube zu öffnen und sie werden es auch zulassen, dass man den Innenraum besichtigt. Der Motor kann zwar gestartet werden, eine Probefahrt aber ist absolut ausgeschlossen. Man darf den Wagen auch von unten überprüfen, aber mit Sicherheit wird man die Bitte, den Wagen auf eine Bühne zu stellen, ablehnen. Man kann allerdings die wichtigsten Dokumente einsehen.

Bieten

Bevor man sich an einer Auktion beteiligt, sollte man sich unbedingt über sein persönliches Höchstgebot im Klaren sein und – auch wenn es mitunter schwer fallen mag – dabei bleiben.

Bis das begehrte Auto aufgerufen wird, vergeht meistens einige Zeit, die man nutzen kann, um die anderen Bieter zu beobachten. Ist der anvisierte Wagen an der Reihe, sollte man die Aufmerksamkeit des Auktionators auf sich ziehen, indem man ein frühes Gebot abgibt. Der Auktionator wird dann immer zu Ihnen blicken, um eine Reaktion auf ein Gebot zu bekommen. Zumeist wird in genau definierten Schritten gesteigert, was sich erst ändern kann, wenn die Gebote langsamer kommen. Dann werden auch kleinere Schritte akzeptiert. Wenn man sich aus dem Gebotgefecht verabschieden will, sollte man dies dem Auktionator unmissverständlich signalisieren – ein deutliches Kopfschütteln sollte reichen.
Bei einem erfolgreichen Gebot notiert sich der Auktionator die Nummer Ihrer Karte, und von nun an sind Sie für den Wagen verantwortlich.
Wird der Wagen nicht verkauft, weil er schlicht kein ausreichendes Interesse fand oder unter dem Ausrufpreis blieb, gibt es immer noch die Möglichkeit, mit dem Besitzer – unter Vermittlung des Auktionators – direkt zu verhandeln.

Erfolgreiches Gebot

Bereits im Vorfeld sollte man sich für diesen Fall ein paar Gedanken gemacht haben. Wie wird der Wagen nach Hause transportiert und welche Versicherung wird dafür benötigt? Die Versicherungsfrage sollte man auf jeden Fall bereits vor der Auktion geklärt haben. Ist der Wagen nicht fahrbereit: Kann man ihn auf einem Anhänger transportieren oder muss man die Aufgabe an ein qualifiziertes Unternehmen delegieren? Das Auktionshaus verfügt zudem ebenfalls über entsprechende Adressen.

eBay und andere Internet-Auktionen

Bei eBay und anderen Internet-Auktionshäusern kann man durchaus für einen günstigen Preis an seinen Traum-Klassiker kommen, doch sollte man nicht auf eine vorangehende gründliche Untersuchung des Wagens vor Ort verzichten. Die meisten Anbieter ermutigen die Interessenten sogar ausdrücklich dazu. Bei eBay wird stets der Standort des Wagens genannt, sodass man sich ein Angebot in erreichbarer Nähe aussuchen kann. Seien Sie darauf vorbereitet, in letzter Minute überboten zu werden. Sie sollten sich darüber im Klaren sein, dass Ihr Gebot bindend ist, es aber andererseits sehr schwer ist, einen betrügerischen Anbieter vor Gericht zur Rechenschaft zu ziehen. Immer wieder kommt es auch zum Verkauf von „Geisterwagen“. Daher sollte man sicherstellen, dass der in Frage kommende Wagen tatsächlich existiert und sich nicht voreilig von seinem Geld trennen.

11 Papiere für eine vollständige Dokumentation

Zulassung

Alle Länder verfügen über ein Registrierungssystem für Automobile. In Deutschland ist das der Kraftfahrzeugbrief und in den USA der so genannte „Pink Slip“. Mitunter werden Re-Importe aus den USA – vornehmlich aus dem sonnenreichen Kalifornien – angeboten. Sie sind mit Vorsicht zu genießen. „Inspektion“ bedeutet dort oft, dass man gern und häufig frisches Öl nachkippt, aber ansonsten keine Schraube löst.
Aufgrund starker Sonneneinstrahlung ist auch der Lack, zumindest die Klarlackschicht, oft regelrecht „verbrannt“. Auch Innenausstattungen können gelitten haben. Wurde der entsprechende Bus bereits einmal restauriert, bedeutet das nicht, dass diese Arbeiten hiesigen Standards entsprechen. Sofern die Optik stimmt, sehen unter anderem US-amerikanische Aufbereiter manches etwas lässiger. Grundsätzlich ist es wichtig, dass alle Unterlagen im Original vorliegen und vollständig sind, dass sie sich auf den in Frage kommenden Wagen beziehen und dass alle Details wie Motor- und Fahrgestellnummern korrekt angegeben sind.
Alle früheren Besitzer sind ausschließlich im Kraftfahrzeugbrief aufgeführt. Daher sollte man sich nicht mit dem Kfz-Schein oder der Zulassungsbescheinigung Teil II begnügen, in der ja nur der aktuelle Besitzer und der letzte Vorbesitzer angegeben sind.
Vergleichen Sie alle Angaben im Brief mit dem Typenschild, das im Fahrzeug montiert ist. Besitzt der Wagen eine ausländische Zulassung, sollte man sich vorab bei den entsprechenden Stellen wie dem Zoll informieren, welche Formalitäten bei der Einführung des Wagens zu erledigen sind.

Hauptuntersuchung

Auch Klassiker und Liebhaberfahrzeuge wie der VW Bus T3 entgehen der Hauptuntersuchung nicht. Bei der Besichtigung spielen die letzten HU-Berichte eine entscheidende Rolle bei der Beurteilung des Objektes der Begierde. Also sollte man sich diese Unterlagen unbedingt zeigen lassen und bei Bedarf darauf bestehen, dass die von den Prüfern verlangten Reparaturen durch entsprechende Rechnungen dokumentiert werden.
Auch wenn der Wagen nicht mehr zugelassen ist, sollte man nicht darauf verzichten. So offenbaren sich mitunter schon vor der ersten genaueren Besichtigung mögliche gravierende Schwachpunkte. Sind diese Unterlagen nicht vorhanden, ist es durchaus möglich, dass der Verkäufer etwas zu verbergen hat.

Anmeldung

Ist das Fahrzeug noch zugelassen, ist die Ummeldung relativ unproblematisch. Wer viel Zeit, Geduld und Lust auf Bürokratie hat, kann selbst zum Straßenverkehrsamt fahren und dort seinen Wagen ummelden. Dazu benötigt man Kraftfahrzeugbrief und -schein respektive die Zulassungsbescheinigung Teil I und II, elektronische Versicherungsbestätigung (eVB), HU-/AU-Unterlagen, Personalausweis und Bargeld (oder EC-Karte) für die fälligen Gebühren und die neuen Kennzeichen. Hat man sich die Kennzeichen besorgt und montiert, steht der weiteren Fahrt nichts mehr im Weg.
Besitzt der Wagen keine Zulassung mehr, interessiert sich zunächst der TÜV für das Fahrzeug. Je nach Herkunft und Dauer der Abmeldung kann der TÜV auf eine Einzelabnahme bestehen, für die eine ausführliche technische Dokumentation notwendig ist. Ist diese Hürde genommen, begibt man sich zur Zulassungsstelle. Wer Zeit sparen will, kann auch entsprechende Dienstleister in Anspruch nehmen, die gegen eine Gebühr die Zulassung organisieren.

Bewertung

Mitunter hat der Verkäufer ein Wertgutachten von einer anerkannten Organisation wie Classic Data, DEKRA oder DAT anfertigen lassen, aus dem der Wert – oft unterteilt zwischen Markt- und Wiederbeschaffungswert – des Modells hervorgeht. Im Allgemeinen stellen solche Dokumente allerdings lediglich eine unverbindliche Richtgröße für den tatsächlichen Preis dar. Der Wiederbeschaffungswert interessiert primär die Versicherung.

Service-Historie

Häufig wurden die Wagen von ihren (hoffentlich fähigen) Besitzern selbst gewartet. Trotzdem sollte man so viele Details der Service-Historie wie möglich in Erfahrung bringen. Dabei kommt den Bescheinigungen und Rechnungen von Markenhändlern oder Fachbetrieben eine besonders große Bedeutung zu.

Tatsächlich sind alle Papiere bei der Dokumentation wichtig: Vom ersten Kaufvertrag bis zum Wartungsheft bekommt man so Antworten auf wichtige Fragen zur Geschichte des Fahrzeugs. Besonders ein Katalog des Modells aus dem entsprechenden Baujahr ist eine wichtige Informationsquelle. Die Behauptung des Besitzers, dass der Wagen restauriert worden sei, sollte man sich immer durch die entsprechenden Unterlagen belegen lassen.

Wenn der Verkäufer erklärt, den Service selbst vorgenommen zu haben, sollte man fragen, wann die Arbeiten ausgeführt wurden und nach entsprechenden Hinweisen suchen. Im besten Fall deckt sich Ihre Einschätzung des Gesamtzustands mit den Angaben des Verkäufers.

Restaurierungs-Fotos

Größere Restaurierungsmaßnahmen werden in der Regel mit einer Vielzahl von Fotos dokumentiert. Die aus verschiedenen Winkeln angefertigten Aufnahmen helfen, Umfang und Qualität der Arbeiten einzuschätzen. Wenn Sie den Wagen kaufen, bitten Sie den Verkäufer, Ihnen die Fotos zu überlassen, weil sie ein wichtiger Teil der Geschichte des Fahrzeugs sind. Es ist erstaunlich, wie viele Besitzer bereit sind, sich zwar von ihrem Wagen zu trennen, die Fotos aber als Erinnerungsstücke behalten wollen. In einem solchen Fall kann man sich vermutlich auf Abzüge von den Originalen einigen.

12 Wie viel ist „er" wert?

Mit „Klassikern" lässt sich Geld verdienen! Auch dann, wenn sie ursprünglich primär als Nutzfahrzeuge konzipiert wurden. Grundsätzlich lässt sich sagen: Die „Goldgräberjahre", in denen man gut erhaltene T3-Busse für relativ überschaubares Budget kaufen konnte, sind vorbei. Mittlerweile ist längst auch aus dem Handel mit ehemaligen Behördenfahrzeugen, die sich für schmale Münze ersteigern ließen, ein profitabler Geschäftszweig für spezialisierte Händler geworden, die den Markt leergekauft haben. Was noch übrig ist, taugt höchstens als Teileträger oder wird in der Landwirtschaft kleingeritten.

Kurzum: Der Einstieg in den Bulli-Kosmos erfordert ein gewisses Mindestbudget, wenn man nicht gerade ein Restaurierungsobjekt sucht. Das ist gut für jene, die bereits ein Exemplar besitzen – es wird kaum an Wert verlieren. Im Gegenteil gibt es sogar Modelle wie die späten „Hannover Editionen" oder die gesuchte, offiziell auf 2500 Fahrzeuge limitierte „Last Limited Edition", die in gutem Zustand stetig an Wert zulegen. Für einen gepflegten – oder fachmännisch restaurierten – Ur-Caravelle in zeitgenössischer Zweifarbenlackierung und mit Chromstoßstangen werden inzwischen enorme Summen verlangt.

Beide teuer: Ein früher Luftboxer mit Chromstoßstangen und Zweifarblack ist genauso gesucht wie ein Exemplar der „Last Limited Edition".

Ein „Westi" (Westfalia Joker) eignet sich noch heute hervorragend zum Reisen. Einen ordentlichen zu finden, ist die Herausforderung.

Das Klappdach ist enorm praktisch, ist es geschlossen, passt der Bus auch in jede Garage.

Den wollen (fast) alle: Die Preise für „LLE" sind in den vergangenen Jahren enorm gestiegen.

Die (noch teurere und seltenere) Alternative zum Westfalia Joker ist der Westfalia Atlantic mit Hochdach.

Motorjacht auf Rädern: Der exklusive Dehler Profi war teuer und ist es heute noch.

Viel Platz bieten Alkoven-Wohnmobile wie der Karmann Gypsy.

Bootsbauer Dehler bot den „Profi" in diversen Konfigurationen an.

Auf die beliebten Campingbusse, etwa „Westfalia Joker", „California" und „Atlantic", die einst beim VW-Händler um die Ecke bestellt werden konnten, trifft das in besonderem Maße zu. Da kommen recht überschaubares Angebot und steigende Nachfrage zusammen, die Preisentwicklung gestaltet sich entsprechend. Wer richtig in die Vollen gehen möchte, lässt sich einen T3 bei Volkswagen Nutzfahrzeuge in Hannover, selbstverständlich mit Originalteilen, restaurieren. Fakt ist: Billig ist ein guter Bus lange nicht mehr. Und er wird es auch nicht mehr werden.

Zustand

Wichtig ist einzig und allein: Was steht vor Ihnen? Mit Hilfe des Bewertungssystems aus Kapitel 9 können Sie nun beurteilen, in welchem Zustand sich das Kaufobjekt befindet und ob es sich überhaupt lohnt, mit dem Verkäufer in Verhandlungen einzutreten. Sinnvoll ist es zudem, sich zuvor in einschlägigen Internetportalen wie www.mobile.de oder www.autoscout24.de über die aktuelle Marktlage zu informieren und Fachzeitschriften wie OLDTIMER MARKT und OLDTIMER PRAXIS zu konsultieren.

In der Regel bekommt man so einen einigermaßen verlässlichen Rahmen dafür, was preislich „geht". Natürlich kann man ein wirklich gut gepflegtes Exemplar entsprechend würdigen. Man sollte sich aber darüber im Klaren sein, dass der verlangte Preis nicht nur vom reinen Zustand, sondern auch von der vorhandenen Zusatzausstattung abhängt.

Empfehlenswerte Extras

Antiblockiersystem (ABS)
Beheizbare Spiegel
Standheizung (Funktion ist TÜV-relevant!)
Colorverglasung

Die LKW-Spiegel vom LT werden gerne nachgerüstet. Sie verbessern die Übersicht enorm.

Wer einen Campingbus kauft, muss nicht nur auf eine gültige TÜV-, sondern auch auf eine gültige Gasplakette achten.

Bei Wohnmobilausbauten nicht unwichtig: Batteriekontrolle für Starter- und Aufbaubatterie.

Zeitgenössisches Zubehör ist die Fischer C-Box für Musikkassetten.

Nicht empfehlenswert

Nicht eingetragene oder nicht serienmäßige Zubehörteile (Tuning)
Lackierungen in nicht serienmäßigen Farben

Ausnahmen

Auf Basis des T3 gibt es viele in Eigenregie durchgeführte Campingausbauten, deren Qualität vom handwerklichen Geschick des Besitzers abhängt und davon, ob eventuell Einrichtungsteile spezialisierter Anbieter (etwa „Reimo“) verwendet wurden. Im Einzelfall kann das alles gut geplant und ausgeführt worden sein, den elektrischen Einrichtungen und Gasinstallationen gebührt dann trotzdem ein kritischer Blick.

Wurden Aufstell- oder Hochdächer oder zusätzliche Fenster nachgerüstet, ist sorgfältige Abdichtung wichtig, an der es manchmal jedoch hapert. Preisverhandlungen über einen solchen Eigenbau kann man nicht pauschal führen. Kalkulieren Sie vom Zustand des Basisfahrzeuges ausgehend und würdigen Sie dann Ausstattung und Qualität des Ausbaus entsprechend.

Manche Prüfer sehen Weißwandringe zum Aufstecken gar nicht gern, sie können sich während der Fahrt lösen.

Sammler honorieren Original-Radios. Es gibt Gutachter, die diesem Bulli die H-Zulassung verweigern könnten.

Gewährleistung

Die Sache mit der Gewährleistung ist bei älteren Fahrzeugen grundsätzlich schwierig. Selbst, wenn Sie bei einem Händler kaufen, der Gewährleistung bieten muss, gibt es doch immer wieder Fälle, in denen sich auch Profis genau darum drücken. Da gibt es dann Kaufverträge mit dubiosen Ausschlussklauseln, die den Händler von jeglicher Haftung freisprechen und das komplette Risiko dem Käufer überantworten. Oft wird dann auch davon gesprochen, dass das Auto eigentlich nur für den Export bestimmt sei. Falls Ihnen bei solchen Äußerungen flau im Magen wird, sollten Sie vom Kauf Abstand nehmen und sich nach einem seriöseren Händler umsehen. Allerdings: Bei einem Privatgeschäft tragen Sie das Risiko stets selbst!

Inspektion vor dem Kauf

Zweierlei hilft Ihnen, das Risiko zu mindern: dieses Buch und natürlich die Möglichkeit, die Hilfe unabhängiger Fachleute in Anspruch zu nehmen. Ein Verkäufer, der nichts zu verbergen hat, sollte einer technischen Überprüfung des Kaufkandidaten in einer Werkstatt (es muss nicht unbedingt eine VW-Niederlassung sein) oder durch eine Prüforganisation wie TÜV oder DEKRA zustimmen. Die Kosten müssen Sie selbst übernehmen, was sich aber in der Regel lohnt. Einem skeptischen Verkäufer gegenüber können Sie argumentieren, dass auch er sein eigenes Fahrzeug nach einer professionellen Überprüfung besser einschätzen kann. Eigentlich ist also allen Beteiligten geholfen.

Vertragsabschluss

Ganz wichtig: Bestehen Sie stets auf einem schriftlichen Kaufvertrag! Handschlag-Deals können ihren Reiz haben, allerdings nicht unbedingt zwischen einander unbekannten Personen. Verhandeln Sie auf Basis des Ist-Zustandes, der vorliegenden Wartungsunterlagen, der Kilometerleistung und eventuell vorhandener Mängel über den Preis. Berücksichtigen Sie auch die Ausstattung und etwaiges Sonderzubehör.

Sollten relevante Reparaturen oder Wartungsarbeiten absehbar sein, sollten Sie diese Kosten vom Kaufpreis abziehen oder mit dem Verkäufer aushandeln, inwieweit er die Mängel vor dem Verkauf beheben lässt. Bleiben Sie fair! Bestandteil einer jeden Verhandlung ist es, aufeinander zuzugehen und einen Kurs zu erzielen, mit dem beide Vertragsparteien leben können. Ist das partout nicht möglich, suchen Sie ohnehin besser weiter!

13 Restaurieren – ja oder nein?

Bei einem Fahrzeug, das in so zahlreichen Varianten und mit derart unterschiedlichen Ausstattungen produziert wurde wie der T3, hängt die Beantwortung einer solchen Frage stark vom Einzelfall ab. Die Erfahrung mit den Vorgängerbaureihen T1 und T2 zeigt, dass längst selbst Wracks wieder aufgebaut werden, weil es sich auch finanziell aufgrund der nahezu ungebremsten Wertsteigerung lohnt.
Ob dies auch auf den T3 zutrifft, lässt sich aktuell nur mutmaßen. Die Tendenz geht aber tatsächlich dahin, dass selbst fahruntaugliche Exemplare nicht mehr einfach entsorgt werden. Frühe Fensterbusse wie der Caravelle oder spätere Exemplare der „Star"-Reihe und natürlich die stets begehrte „Last Limited Edition" liegen im Marktwert inzwischen wieder auf so hohem Niveau, dass man in diesen Fällen durchaus über die Sanierung eines ziemlich maroden Fahrzeugs nachdenken kann. Vermutlich wird man dabei nicht draufzahlen. Ob sich dieser Aufwand auch für einen einfachen Transporter oder ein ehemaliges Behördenfahrzeug lohnt, sei dahingestellt.
Als Spekulationsobjekt taugt der T3 hierzulande noch nicht – im Gegensatz zu den Vorgängern T1 und T2, die längst keine Low-Budget-Klassiker mehr sind. Ein Blick über den Teich in die USA zeigt denn auch, dass speziell die Preise für Westfalia-Camper dort inzwischen durch die Decke gehen. Preise um 40.000 bis 50.000 US-Dollar werden dort für „Westy"-Topexemplare gezahlt. Soweit ist der deutsche Markt noch nicht ganz. Aber: „Joker", „California" und „Atlantic" gehören auch hier bereits zu den teuersten T3-Exemplaren. Eine Entwicklung, die sich voraussichtlich nicht mehr umkehren wird.

Mancher fährt den Bus einfach im Alltagsbetrieb. Er wird vielleicht nicht restaurieren wollen.

Die Karosserie weist an verschiedenen Stellen Rostansatz auf. Wer jetzt handelt, kann diesen T3 mit überschaubarem Aufwand in einen sehr guten Zustand versetzen.

„Dokas" haben eine eigene Fangemeinde. Ob sich das Restaurieren des Ex-Militär-Wagens lohnt, hängt vermutlich vom Grad der Begeisterung des Besitzers ab.

14 Lackprobleme

Wann werden Kratzer zu Rissen? In beiden Fällen muss der Lack entfernt und neu aufgebaut werden.

Man kann Orangenhaut manchmal durch Polieren glatt bekommen, oft ist jedoch eine Neulackierung nötig.

Lackprobleme entstehen zumeist aufgrund unzureichender Vorarbeiten für eine Neulackierung oder Ausbesserung. Einige der folgenden Probleme werden Sie bei der Klassiker-Suche häufiger antreffen.

Orangenhaut

Die ungleichmäßige Lackoberfläche erinnert an die Schale einer Orange. Das Problem entsteht, wenn der Lack zu wenig verdünnt wurde (häufig auch in Kombination mit einem zu großen Sprühabstand). Auch extreme Temperaturunterschiede zwischen der Umgebung und der zu lackierenden Oberfläche fördern die Bildung einer Orangenhaut. Dieser Effekt lässt sich in leichteren Fällen mit einer entsprechenden Politur oder sehr feinem Schleifpapier beseitigen. Je nach Ausmaß dieses Lackierfehlers ist eine Neulackierung empfehlenswert. Hier hilft auf jeden Fall die Begutachtung durch einen Experten.

Risse

Risse im Lack können vor allem durch zu viel Spachtelmasse entstehen. Wird dem Lack zu viel Härter beigemischt oder besteht eine Unverträglichkeit zwischen der neu aufgetragenen Farbsorte und der bereits vorhandenen Lackierung, kann es ebenfalls zu diesen Erscheinungen kommen. Bei einer umfassenden Restaurierung sollte man vor der Neulackierung sämtliche Lackschichten entfernen, um dieses Problem sicher auszuschließen.

Haarrisse

Wenn sich feine Haarrisse über die Lackoberfläche verteilen, liegt häufig eine Unverträglichkeit des Lacks mit der verwendeten Grundierung vor. In diesem Fall muss man sich Gedanken über eine Neulackierung machen.

Blasen

Korrosion unter der Lackierung verursacht unweigerlich Blasen. Werden sie erst einmal richtig sichtbar, ist der Schaden an den Blechen vermutlich ziemlich groß. Vor einer Neulackierung muss in diesen Fällen zunächst das betroffene Blech repariert werden.

Mikroblasen

Diese Blasen lassen auf eine preiswerte Lackierung schließen, bei der die Oberfläche nicht gründlich trocknen konnte. Am besten holt man sich Rat bei einem Spezialisten, doch wird man häufig in dem betroffenen Bereich die alte Lackierung vollständig entfernen müssen. Als Ursache für die Blasen kommen aber auch Fahrzeugabdeckungen in Frage, die nicht „atmen".

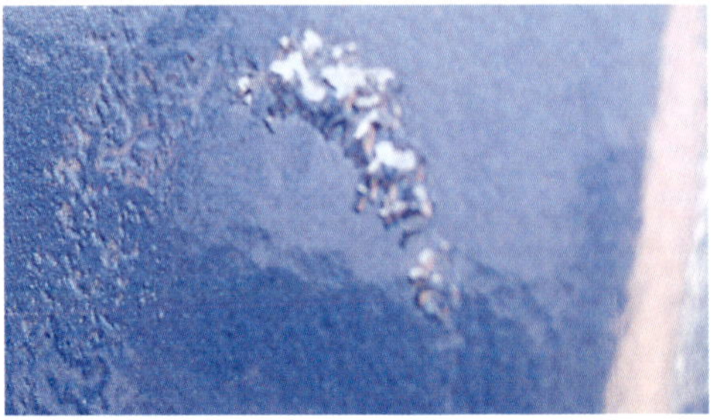

Blasen sind meist von Rost unter dem Lack verursacht.

Verblassen

Einige Farben, vor allem Rot, neigen dazu, bei starker Sonneneinstrahlung und ohne Schutz durch entsprechende Politur zu verblassen. Wenn eine Behandlung mit einem Lackreiniger nicht ausreicht, kommt man um eine Neulackierung nicht herum.

Schadhafter Decklack beginnt abzublättern. Zeit, den Wagen neu zu lackieren.

Abblättern

Vor allem bei Metallic-Lackierungen kann es vorkommen, dass der Klarlack abblättert. Schlecht aufgetragener Einschicht-Lack zeigt ebenfalls diese Erscheinung. Konsequenterweise muss das Fahrzeug auch in diesen Fällen neu lackiert werden.

Einschlüsse

Wenn bei den Vorbereitungen zum Lackieren und beim eigentlichen Lackiervorgang nicht auf Sauberkeit geachtet wurde, kommt es zu Staub- und Schmutzeinschlüssen, die sich nicht ohne weiteres entfernen lassen. Da hilft nur eine vollständige Neulackierung.

Beulen

Kleinere Beulen lassen sich leicht vom „Beulen-Doktor" (Adressen im Internet) sanft und meistens ohne Folgen für den Lack aus dem Blech ziehen, sofern die Lackoberfläche noch intakt ist. Auf jeden Fall sollte man berücksichtigen, dass bei vielen Oldtimern dickere Bleche verwendet wurden als bei heutigen Fahrzeugen und sich dadurch die Arbeit des Beulen-Doktors manchmal schwieriger – und somit teurer als angenommen – gestalten kann.

15 Konditionsprobleme

Die meisten T3-Busse am Markt haben ein mehr oder weniger bewegtes Leben hinter sich. Den Transportern und Pritschenwagen sieht man die jahrelange harte „Maloche“ oft an, dennoch können sie technisch sehr gut sein. Auch an einem Familien-Bulli sind die Jahre nicht spurlos vorüber gegangen. Gehen Sie niemals von einem perfekten Zustand aus!
Der beste VW Bus ist ein VW Bus, der regelmäßig bewegt und gewartet wurde. In ganz seltenen Fällen wird es Fahrzeuge geben, die mit einer Laufleistung unter 100.000 Kilometern locken und „taschentuchgepflegt“ wurden. Auch wenn das Angebot noch so reizvoll ist – es muss nicht das bessere sein! Spätestens wenn Sie ein solches Fahrzeug regelmäßig benutzen wollen, können Standschäden teure Reparaturen nach sich ziehen.

Hier hat sich der Rost schon am Übergang zum nachgerüsteten Hochdach eingenistet.

Rost

Autos, die in ihrem Leben kaum etwas von der Straße gesehen haben, leiden selten unter Rost an der Karosserie. Meistens durften sie die Tage und Nächte ja in trockenen Garagen verbringen. Die braune Pest nagt hier eher im Verborgenen und bevorzugt an der Technik. Etwa an der Bremsanlage, wo Kolben, Zangen und Zylinder befallen sein können oder Bremsbeläge an Bremsscheiben festgebacken sein können. Gern rostet auch die Mechanik der Feststellbremse fest. Mitunter so sehr, dass man das Auto gar nicht mehr von der Stelle bekommt. So ein Auto sollte man am besten gar nicht bewegen, bis das Problem im Wortsinn gelöst ist.

Besser geht es kaum: Entweder wurde diese Schiebetürlaufschiene bereits instandgesetzt oder sie hat die Jahre gut überstanden.

Mangelnde Pflege, nachgerüstete Scheinwerfer, nachlackierte Bleche – hier gibt es eine Reihe von Rost-Fördermaßnahmen.

Rütteln Sie an den Gurtbefestigungen. Gammelt das Blech darunter, ist das Rückhaltesystem keinen Pfifferling mehr wert.

Flüssigkeiten

Alte Flüssigkeiten gehören erneuert, bevor Sie ein Fahrzeug, das lange gestanden hat, wieder in Betrieb nehmen. Altes Öl kann Dichtungen angreifen und Lager zersetzen. Bestimmte Bestandteile von Kraftstoff und Bremsflüssigkeit sind hygroskopisch, ziehen also Wasser an, was zu Rostbildung im Kraftstoffkreislauf und im Bremssystem führen kann. Hat etwa die Bremsflüssigkeit bereits zu viel Wasser aufgenommen, kann dies bei heißgefahrener Bremse zu Dampfblasenbildung im System führen. Schlimmstenfalls versagt die Bremse!

Der Behälter fürs Scheibenwaschwasser findet sich im Fahrerfußraum. Auch er will gecheckt sein.

Verfügt das Auto über eine Klimaanlage, sollten Sie diese nach langer Standzeit ebenfalls überprüfen lassen. Das Kühlmittel ist hochgradig flüchtig, zum Schmieren des Klimakompressors aber lebensnotwendig. Eine leere Anlage sollten Sie niemals einschalten!

Reifen

Es ist ein weit verbreiteter Irrglaube, dass man mit Reifen, deren Profil „noch gut" aussieht, sorgenfrei fahren kann. Nach fünf bis sieben Jahren können die in der Gummimischung der Reifen enthaltenen Weichmacher so weit entwichen sein, dass der Pneu spröde und rissig wird. Das kann lebensgefährlich sein!

Der TÜV bemängelt nicht das Alter der Reifen, sondern den Zustand. Aus Sicherheitsgründen sollten sie dennoch nicht zu alt sein.

Achten Sie beim Kauf des Fahrzeugs auf die in die Reifenflanke eingeprägte DOT-Nummer. Sie gibt Produktionswoche und -jahr an. Hat das Auto längere Zeit gestanden, können sich so genannte Standplatten gebildet haben. Diese machen sich beim Fahren durch deutliche Vibrationen bemerkbar, können allerdings auch wieder verschwinden. Tun sie das nicht, sollte man die Bereifung in einer Fachwerkstatt prüfen und notfalls austauschen lassen.

Stoßdämpfer

Stoßdämpfern sieht man einen Standschaden in der Regel kaum an. Es sei denn, man hat die Gelegenheit, das Fahrzeug auf einer Hebebühne von unten zu betrachten. Sind die Dämpfer verdächtig feucht, tritt bereits Öl aus. Der Grund: Die Dichtungen im Inneren der Dämpfer altern und werden brüchig. Solche Exemplare sollten umgehend getauscht werden. Übrigens ist der gute alte „Wackeltest" (das Fahrzeug an allen vier Ecken kräftig herunterdrücken) höchstens ein Anhaltspunkt für den Zustand des Fahrwerks, keine sichere Diagnose. Wippt das Auto beim Ausfedern allerdings deutlich sichtbar nach, besteht Handlungsbedarf. Besondere Vorsicht ist geboten, wenn das Besichtigungsobjekt vom Vorbesitzer mit einem Sportfahrwerk nachgerüstet wurde. Dies ist dann oft derart hart, dass da nichts mehr wippt. Ein solches Fahrzeug sollte generell von einem Fachmann untersucht werden.

Gummi- und Kunststoffteile

Nach mehr als zwanzig Jahren können die Weichmacher aus allen möglichen Gummidichtungen entwichen und diese ausgehärtet sein. Auch regelmäßige Pflege mit entsprechenden Mitteln wie Stiften und Sprays verzögert den Prozess nur. Schlimmstenfalls schrumpfen etwa Fensterschachtabdichtungen so zusammen, dass Wasser von oben in die Türen laufen kann. Eine ausführliche Kontrolle aller Dichtungen (Fenster, Türen) sollte selbstverständlich sein.
Eher kosmetischer Natur sind ausgeblichene Stoßfänger, Rammschutzleisten oder Spiegel-

kappen. Mit der Zeit werden unlackierte Kunststoffteile grau und unansehnlich. Da kann man allerdings mit guten Pflegemitteln gegensteuern. Wer sich das selbst nicht zutraut, sollte sich an einen professionellen Fahrzeugaufbereiter wenden. Man glaubt kaum, was Fachleute auch aus offenkundig verlebten Autos herausholen (das betrifft auch den Lack!). Eine anständige Aufbereitung muss auch nicht allzu teuer sein.

Kosmetik: Abplatzender Lack auf Kunststoffteilen lässt sich mit überschaubarem Aufwand reparieren.

Elektrik

Der größte Feind der Elektrik heißt übrigens ebenfalls Oxidation. Sie befällt Steckverbindungen und Kontakte, was gern zu Fehlfunktionen und Totalausfällen ganzer Baugruppen führt. Hat ein Auto lange gestanden, sollte man alle wichtigen Funktionen durchtesten. Kommt es zu Fehlern, muss man nicht gleich das „ganz große Besteck" herausholen. In vielen Fällen wirken ein Sprühstoß mit Kontaktspray und der Einsatz von feinem Schleifpapier an Steckverbindungen Wunder.

Auch Sicherungen können den Dienst quittieren und sind in Sekunden ausgetauscht. Generell tun Sie Ihrem Auto Gutes, wenn Sie die Batterie bei absehbar längerer Standzeit an ein „Erhaltungsladegerät" – auch bekannt als „Akku-Jogger" – anschließen. Es simuliert die Ent- und Aufladevorgänge des Alltagsbetriebs und hält so den Akku frisch.

Mit den Jahren können die Schrauben von Griffen, Armauflagen und Fensterkurbeln aus der Verkleidung reißen. Lästig, aber reparabel.

Schönes Extra: Ausstellfenster in den Türen liefern zugfreie Belüftung. Die recht filigrane Mechanik verträgt hin und wieder einen Tropfen Öl, die Dichtung Hirschtalg oder Vaseline.

Auspuffanlage

Es ist fast ein Naturgesetz, nicht nur bei einem VW Bus: Wenn Sie ein Auto kaufen, das monate- oder jahrelang nicht bewegt wurde, ist oft nach wenigen Wochen Betrieb die Auspuffanlage „fertig". Auch wenn sie optisch noch intakt aussieht, hat das in den Abgasen enthaltene Wasser im Inneren der Schalldämpfer und Rohre Rost entstehen lassen. Sie faulen von innen nach außen.

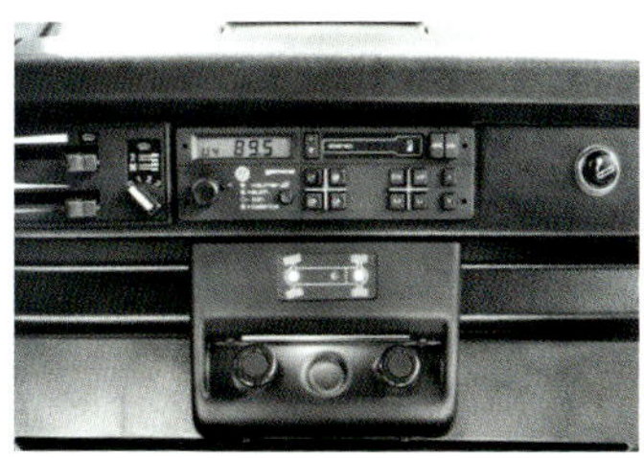

Das Cockpit eines Syncro erkennt man an den Kontrollleuchten für das Sperrdifferenzial.

Auspuffanlagen können ins Geld gehen, vor allem, wenn auch der Kat ersetzt werden muss. Das kommt zum Glück nicht ganz so häufig vor.

16 Wichtige Adressen und Ansprechpartner

Bundesweit kümmert sich eine ganze Reihe von spezialisierten Teilehändlern und Werkstätten um den Erhalt klassischer VW Busse, natürlich auch um den T3. Die Volkswagen Nutzfahrzeuge GmbH bietet sogar Komplettrestaurierungen im Werk Hannover an und liefert über das offizielle Volkswagen Classic Parts Center viele Teile in Originalqualität.

Clubs (eine kleine Auswahl)

IG T3
Leandro Schöttler (1. Vorsitzender)
Wittgensteiner Straße 12
57271 Hilchenbach
www.ig-t3.de

Bully Rider Stade
Die offizielle Homepage www.bully-rider-stade.de wird nicht mehr gepflegt, der Facebookauftritt ist allerdings aktuell: https://www.facebook.com/BullyRiderStade

LLE Kartei
Joachim Merker (1. Vorsitzender)
Krowelstraße 43
13581 Berlin
www.lle-kartei.de

VW Bus Club Koblenz (gegründet 1971)
Erlenweg 11
56323 Waldesch
www.vwbc.de

VW Bus Team Baden
Hofmattenstraße 16
78132 Hornberg
www.vwbus-team-baden.de

Spezialisten, Ersatzteile und Händler

Werk34
(Volkswarenhaus Heussner & Stauber),
www.werk34.de

Volkswagen Classic Parts
www.volkswagen-classic-parts.de

Volkswagen Nutzfahrzeuge
Unter anderem Vollrestaurierungen im Werk Hannover.
www.volkswagen-nutzfahrzeuge.de

Bus OK – Olaf Kuntze
Onlineshop für alle Busbaureihen von T1 bis T6
www.bus-ok.de

BusChef – Alles für den Bus
Ladengeschäft und Onlineshop
www.buschef.de

VW Bus Engel – Frank Engel
Auf Busse spezialisierte Werkstatt in Koblenz
www.vw-bus-engel.com

Cartec Köln
Freie Werkstatt mit Spezialisierung auf Volkswagen, insbesondere Busse
www.cartec-koeln.de

Autodienst Wolf
Freie Werkstatt in Bad Sobernheim (Rheinland-Pfalz) mit Herz für Oldtimer
www.facebook.com/autodienst-wolf
(keine Internetseite)

Literatur zum Thema

**VW Bus T3 –
Alle Modelle von 1979 – 1992**
Richard Copping, HEEL Verlag

VW Transporter T3
(Schrader Typenchronik)
Michael Steinke, Motorbuch Verlag

70 Jahre VW Bulli:
auto, motor und sport–Edition
Motorpresse Stuttgart

Vielen Dank an:
Christian Bargon, Fa. Krings Obstbau Vertriebs GmbH & Co. KG
für die freundliche Unterstützung der Fotoarbeiten.

Wichtige jährliche Veranstaltungen

Bremen Classics, Bremen
(Tipp für interessierte Käufer: Private Fahrzeugbörse im Messeparkhaus!)
Retro Classics Stuttgart
Techno Classica Essen
Klassikwelt Bodensee Friedrichshafen
Classic Days Schloss Dyck
VETERAMA, Mannheim
Motorshow Essen

17 Daten und Fakten

	1.6	2.0	1.9	1.9	2.1	2.1	1.7 D	1.6 D	1.6 TD
Motorkennbuchstabe	CT/CZ	CU/CV	DF	DG	MV/SS	DJ	KY	CS	JX
Bauzeit	1979-82	1979-82	1982-85	1982-90	1985-92	1984-90	1987-92	1981-87	1984-92
Motor	4-Zylinder-Boxermotor, zentrale Nockenwelle, Stirnräder, Stoßstangen und Kipphebel, hydraulischer Ventilspielausgleich						4-Zylinder-Reihenmotor, obenliegende Nockenwelle, Zahnriemen		
Kühlung	Luftkühlung		Wasserkühlung						
Hubraum	1584 cm³	1970 cm³	1913 cm³		2109 cm³		1715 cm³	1588 cm³	
Bohrung x Hub in mm	85,5 x 69,0	94,0 x 71,0	94,0 x 68,9		94,0 x 76,0		79,5 x 86,4	76,5 x 86,4	
Höchstleistung (PS) bei 1/min	37 kW (50 PS), 4000	51 kW (70 PS), 4200	44 kW (60 PS), 3700	57 kW (78 PS), 4400	70 kW (95 PS), 4800	82 kW (112 PS), 4800	42 kW (57 PS), 4500	37 kW (50 PS), 4200	51 kW (70 PS), 4500
Max. Drehmoment bei 1/min	103 Nm, 2400	137 Nm, 3000	140 Nm, 2200	150 Nm, 2600	160 Nm, 2800	174 Nm, 2800	103 Nm, 2800	103 Nm, 2000	138 Nm, 2500
Gemischaufbereitung	Ein Fallstromvergaser Solex 34 PICT-4	Zwei Fallstromvergaser Solex 34 PDSIT-2/-3	Ein Fallstromvergaser Solex 34 PICT-4	Ein Fallstrom-Registervergaser Solex 2E3 (2E4)	Digitale Einspritzanlage (Digifant)	Digitale Einspritzanlage (Digijet)	Verteiler-Einspritzpumpe		Verteiler-Einspritzpumpe (Turbolader)
Getriebe, Serie	4-Gang				5-Gang		4-Gang		
Getriebe, optional	-	3-Gang-Automatik	5-Gang	5-Gang, 3-Gang-Automatik	3-Gang-Automatik		5-Gang		
Radaufhängung vorne	Doppelquerlenker, progressive Schraubenfedern, Stabilisator, Teleskopstoßdämpfer, bei Syncro Fahrschemel für Vorderachsgetriebe mit Visko-Kupplung								
Radaufhängung hinten	Schräglenker, Miniblockfedern, Teleskopstoßdämpfer								
Bremsen	Scheibenbremsen vorne, Trommeln hinten, Bremskraftverstärker und -regler, wahlweise ABS (ab 1986)								

	1.6	2.0	1.9	1.9	2.1	2.1	1.7 D	1.6 D	1.6 TD
Karosserie	Selbsttragende Ganzstahl-Karosserie, Rahmen-Bodenanlage mit Längs- und Querträgern, vorn Stoßfängerdeformationselement								
Tank	Stahlblech, 60 Liter; (Syncro Kunststoff, 70 Liter)								
Spurweite vorn/hinten	1568 / 1560 mm								
Radstand	2460 mm (Syncro 2455 mm, mit 16-Zoll-Fahrwerk 2480 mm)								
Wattiefe	310 mm (Syncro 350 mm, mit 16-Zoll-Fahrwerk 390 mm)								
Wendekreis	10,7 m (Syncro 10,9 m; mit 16-Zoll-Fahrwerk 11,3 m)								
Länge	4570 mm (Kasten/Kombi/Pritsche) bis 4636 mm (Großraum-Pritsche)								
Leergewicht	Kastenwagen/Kombi/Pritsche 1395 kg, Hochraum-Kombi 1445 kg								
	Großraum-Pritsche 1490 kg, Doppelkabine 1450 kg								
	Kombi L und Caravelle C/CL 1480 kg, GL 1510 kg, Carat 1730 kg								
	Mehrgewichte 42-kW-Dieselmotor 70 kg, 51 kW-Dieselmotor 85 kg								
	Automatik 40 kg, für Plane/Spriegel-Pritsche 35 kg/Doppelkabine 25 kg								
	Syncro 145 kg (mit 16-Zoll-Fahrwerk 195 kg)								
Nutzlast	610 kg (Caravelle Carat) bis 995 kg (Kastenwagen); a.W. mit verstärkter Federung um 240 kg erhöhte Nutzlast								
Höchst-geschwin-digkeit	110 km/h	127 km/h	118 km/h	130 km/h	141 km/h	150 km/h	115 km/h	-	127 km/h
Verbrauch bei 90 km/h in Liter/100 Kilometer	11,2 N (4-Gang)	11,1 N (4-Gang)	9,7 N	9,4 N	9,8 N	8,8 SP	8,0 D mit 4-Gang 8,5 D	-	7,9 D mit 4-Gang 8,3 D
Verbrauch bei 120 km/h Liter/100 Kilometer	-	-	-	-	15,1 N 18,4 N	13,1 SP 15,1 SP	-	-	-
Verbrauch Stadt Liter/100 Kilometer	15,7 N (4-Gang)	15,4 N (4-Gang)	11,8 N mit 4-Gang 12,9 N	10,9 N mit 4-Gang 13,9 N	15,5 N	12,0 SP	9,8 D mit 4-Gang 8,9 D	-	8,7 D mit 4-Gang 8,6 D

BUSSCHMIEDE
BS
Exklusiv
Der Partner für Ihren VW-Bus
Als kompetentes Unternehmen für VW-Nutzfahrzeuge entwickeln wir innovative Produkte für die VW-Bus-Reihe.
Unser Sortiment umfasst sämtliche Ersatz- und Zubehörteile sowie Neuentwicklungen und Nachfertigungen.
Großer Online-Shop unter
www.busschmiede.de
Reinhold Maier
Daimlerstr. 2
89346 Opferstetten
0 82 26 / 86 88 99 0
info@busschmiede.de
www.busschmiede.de

Wir haben alles für Ihren klassischen Volkswagen
bullisammler.de
Dem Raana sein VW-Shop
...und vieles mehr für Ihren VW Bus T3!
Für Ihren Liebling die passende Felge!
Fuxx 7.0x17 5x112
schwarz/poliert
mit ABE 215,00 Euro
mit TÜV
facebook: bullisammler
www.bullisammler.de
mit TÜV
Fuxx 7.0x16 5x112
schwarz/silber mit TÜV
230,00 Euro
Dem Raana sein VW Shop
Geschäftsführer: Rainer Lüpkes
Erholung 4a
D-31234 Edemissen
mail: bullisammler@web.de
Tel. +49 (0) 51 76 - 922 885
Mobil: +49 (0) 171 - 787 0 789

Classic Data
Wenn´s drauf ankommt setzen unsere Sachverständigen ihre rosarote Brille ab.
Echte Experten bewerten neutral und unabhängig.
Classic Data bewertet deutschlandweit klassische Fahrzeuge. 30 Jahre Erfahrung, ein anerkanntes Bewertungssystem und über 400 Sachverständige vor Ort machen Classic Data zum unabhängigen Wertermittler rund um klassische Fahrzeuge.
Ob Oldtimer oder Youngtimer, ob Exot oder Replika:
Classic Data-Sachverständigenbüro kennt die wahren Werte Ihres Fahrzeugs.
Classic Data
seit 1984